U0192484

理财就是理生活

（手绘版）

艾玛·沈 | 著绘

电子工业出版社
Publishing House of Electronics Industry
北京·BEIJING

内容简介

本书围绕多个大众对理财的常见误解，如"理财就是省钱""理财就是钱越多越好""等我有钱了，才能理财""数学不好，不是财务专家，就学不会理财""贷款是洪水猛兽""理财，就是买产品"等，用手绘的方式，通过漫画人物及生活案例，将核心的理财知识点娓娓道来。

本书不仅画风秀丽清新，赏心悦目，知识点还非常体系化，从理念到实操办法，逻辑清晰明了，操作方法落地可行。同时，从简单的"给月光族的秘籍"开始，难度逐步升级，到最后复杂的"资产配置"，帮助读者系统全面地了解理财的方方面面，解决生活中实实在在遇到的理财难题。非常适合理财小白，和对未来的财务生活存在困惑的人士。本书是休闲和学习并举的佳作，也是理财入门的最佳选择。

图书在版编目（CIP）数据

理财就是理生活：手绘版 / 艾玛·沈著、绘．—北京：电子工业出版社，2021.5

ISBN 978-7-121-40953-0

Ⅰ．①理… Ⅱ．①艾… Ⅲ．①财务管理—通俗读物 Ⅳ．①TS976.15-49

中国版本图书馆CIP数据核字（2021）第065251号

责任编辑：李　冰
印　　刷：北京盛通数码印刷有限公司
装　　订：北京盛通数码印刷有限公司
出版发行：电子工业出版社
　　　　　北京市海淀区万寿路173信箱　邮编：100036
开　　本：880×1230　1/32　印张：9.25　字数：117千字
版　　次：2021年5月第1版
印　　次：2024年3月第5次印刷
定　　价：79.80元

前 言

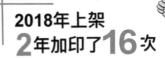

2018年上架
2年加印了16次 👍

艾玛收到很多读者的来信：

读者来信

 为什么道理我都懂，
遇到问题时，就不会了呢？

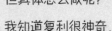 我知道要搭建被动收入体系，
但具体怎么做呢？

 我知道复利很神奇，
却不知道如何在实践中落实。

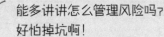 能多讲讲怎么管理风险吗？
好怕掉坑啊！

 能多讲讲怎么投资吗？

为了回应读者们的困惑，
本书不仅是把书中的文字变成了图画，
还**加入了我很多新的思考。**

理财的十大模块

1. 状况剖析
2. 目标设定
3. 消费控制
4. 债务管理
5. 沉睡资产
6. 变现技能
7. 资产购入
8. 风险分散
9. ~~实体节税~~
10. ~~代际传承~~

实体节税和代际传承的内容，
对我们理财小·白们帮助不大。

多讲讲怎么管理风险，怎么投资吧！

本书删除了节税和传承两大模块，
增加了股票、基金、债券投资等内容，
更详细地解说了如何管理风险，
用什么策略来投资等知识点，
相信对读者的帮助更大。

这两年来，我们一起经历了
中美贸易战、新冠病毒感染等世界大事，
艾玛对人生，以及帮助我们过好一生的理财，
有了更深的体悟。

在不断书写和对投资知识的梳理中，

逻辑框架更清晰，操作方法更可行。

目 录

《理财就是理生活》

的巴士即将启航！

你准备好了吗？

理财 ≠ 省钱

2018年，
我人生中的第一本书问世。

理财不等式之一

理财和减肥一样

靠 **节食** 减肥，

不仅坚持不了多久，还很容易**反弹**。

省钱也是一样。

很多人节衣缩食一段时间后，

很快就会 **放弃**，

甚至有可能因为之前太缺乏，

导致更多"买买买"。

生活品质

存钱

EMMA

有没有中庸之道呢？

人生是一场马拉松，
不是短跑冲刺。
理财培养的是**一辈子**的习惯！

减肥失败史

隆重介绍：

我老公

老公今年四十一岁，
每隔两个月减肥一次，
什么方法都试过了：
运动、节食、吃代餐、吃减肥药……
但都失败了，直到……

失败

超过200斤

3个月
狂减30斤

哇！

170斤

- 继续"葛优躺"
- 继续该吃吃
- 唯一的不同

……

调整饮食结构：

- 炒面 ⇒ 汤面
- 冻柠茶 ⇒ 少糖
- 可乐 ⇒ 气泡水
- 煎炸 ⇒ 清蒸

找到了"吃货"和减肥之间的中庸之道。

通过调整饮食结构，可以轻松减肥：

从吃**高**热量、**高**糖分的食物，
改吃**低**热量、**低**糖分的食物。

现在的财务状况　　　　　调整后的财务状况

理财也一样，通过调整财务
结构，是否可以轻松省钱呢？

什么方法？

请容我徐徐道来，……

2

理财 ≠ 钱越多越好

个案 "钻石王老五" 洪列

天使洪列

我是世界500强企业中层，年薪44万元，有房有车，懂生活，有品位，宜室宜家。

VS

月光光

恶魔洪列

我有房有车，
资产有430万元，
净资产也有近300万元。

洪列家的资产负债表

日期：2018.1.22

种类		现值(元)	收益率	备注	种类	余额（元）	利率	年期
流动资产	现金				汽车贷款	100,000	12%	1
	活期存款	30,000			商业房贷	900,000	6.55%	18
	货币基金	150,000	4.80%		公积金房贷	320,000	4.70%	18
金融资产	股票	120,000	8.60%					
	基金	200,000	15.00%					
	债券							
	保单现金价值							
固定资产	投资 黄金							
	房产（投资）							
	字画等收藏品							
	自用 房产（自用）	3,600,000	0					
	汽车（自用）	200,000						
	珠宝（自用）							
资产总计		4,300,000			负债总计	1,320,000		
净资产总计（资产－负债）		2,980,000						

都是自己用的车和房，
卖了你住哪里？你能不用车？
不过是 **纸面富贵**。

①	记录制表时间

<table>
<tr><th colspan="6">家庭资产负债表</th><th colspan="2">日期</th></tr>
<tr><th colspan="4">资　产</th><th colspan="4">负　债</th></tr>
<tr><th colspan="2">种类</th><th>现值(元)</th><th>收益率</th><th>备注</th><th>种类</th><th>余额(元)</th><th>利率</th><th>年期</th></tr>
<tr><td rowspan="4">流动资产</td><td>现金</td><td></td><td></td><td></td><td>信用卡逾期贷款</td><td></td><td></td><td></td></tr>
<tr><td>活期存款</td><td></td><td></td><td></td><td>消费贷款</td><td></td><td></td><td></td></tr>
<tr><td>货币基金</td><td></td><td></td><td></td><td>汽车贷款</td><td></td><td></td><td></td></tr>
<tr><td>定期存款</td><td></td><td></td><td></td><td>商业房贷</td><td></td><td></td><td></td></tr>
<tr><td rowspan="4">金融资产</td><td>股票</td><td></td><td></td><td></td><td>公积金房贷</td><td></td><td></td><td></td></tr>
<tr><td>基金</td><td></td><td></td><td></td><td></td><td></td><td></td><td></td></tr>
<tr><td>债券</td><td></td><td></td><td></td><td></td><td></td><td></td><td></td></tr>
<tr><td>保单现金价值</td><td></td><td></td><td></td><td></td><td></td><td></td><td></td></tr>
<tr><td rowspan="6">固定资产</td><td rowspan="3">投资</td><td>黄金</td><td></td><td></td><td></td><td></td><td></td><td></td></tr>
<tr><td>房产（投资）</td><td></td><td></td><td></td><td></td><td></td><td></td></tr>
<tr><td>字画等收藏品</td><td></td><td></td><td></td><td></td><td></td><td></td></tr>
<tr><td rowspan="3">自用</td><td>房产（自用）</td><td></td><td></td><td></td><td></td><td></td><td></td></tr>
<tr><td>汽车（自用）</td><td></td><td></td><td></td><td></td><td></td><td></td></tr>
<tr><td>珠宝（自用）</td><td></td><td></td><td></td><td></td><td></td><td></td></tr>
<tr><td colspan="2">资产总计</td><td></td><td></td><td></td><td>负债总计</td><td></td><td></td><td></td></tr>
<tr><td colspan="9">净资产总计（资产－负债）</td></tr>
</table>

② 资产按流动性排序

③ 保单也是资产

④ 资产按制表当日市值重新估算

⑤ 负债利率由高至低排序

家庭资产负债表

是梳理家庭财务的重要表格之一。

大家习惯闷头赶路，
很少会停下来思考反省，
看自己走的路对不对，
有没有更好的选择。
这张表能帮助我们审视自己。
记得至少一年填写一次。

我一年收入48.7万元。
平均每个月有4万元呢！
在同辈中，算是很不错的啦！

洪列家的年度收支表

年份：2017

	每年收入			每年支出		
种类		金额（元）	占比（%）	种类	金额（元）	占比（%）
主动收入	工资收入	300,000	61.58%	房贷	105,000	23.92%
	工资奖金	140,000	28.74%	车贷	48,000	10.93%
				日常生活费	150,000	34.11%
				养车费用	20,000	4.56%
				医疗费用	6,000	1.37%
被动收入	理财分红	7,200	1.48%	子女教育费	60,000	13.67%
				给父母家用	30,000	6.83%
				其他开支	20,000	4.56%
稳定年收入总计		447,200		稳定年支出总计	439,000	100%
稳定年盈余总计（稳定年收入-稳定年支出）		8,200				
投资收入	股票损益	10,000	2.05%			
	基金损益	30,000	6.16%			
其他收入	中奖					
	红包					
所有年收入总计		487,200		所有年支出总计	439,000	
年盈余总计（年收入-年支出）：		48,200				

不算股票基金，
你一年能剩多少？
每月4万元，
每月能存下1000元吗？

♪ ♪ ♫♫

月光光，照地堂……

家庭年度收支表

年份：

每年收入				每年支出		
	种类	金额	占比	种类	金额	占比
主动收入	工资收入			房租/房贷		
	工资奖金			其他贷款		
	兼职收入			日常生活费		
	兼职奖金			养车费用		
被动收入	房租			医疗费用		
	理财分红			子女教育费		
	定息收入			给父母家用		
稳定年收入总计：				稳定年支出总计：		
稳定年盈余总计（稳定年收入-稳定年支出）：						
投资收入	股票损益			转去投资账户		
	基金损益			意外损失		
其他收入	中奖					
	红包					
所有年收入总计：				所有年支出总计：		
年盈余总计（年收入－年支出）：						

① 记录制表时间区间

② 单列被动收入，有利于引导追求财务自由的方向

③ 稳定的年盈余，可以看成可重复产生的年度余额

④ 支出类别可自行调整

⑤ 转出去投资的钱也应当看成支出，因为钱已不能挪作他用

家庭年度收支表

也是梳理家庭财务的重要表格之一。

制表可不是为了看自己多有钱，爽一把。

而是为了让理财的决策更合理。

有了这些数据后，

就能估算多久可以还清贷款，

有多少钱可以用来做投资，

到退休年龄可存下多少退休金……

隐 形 富 ~~豪~~ 人 口

yǐn xíng fù háo rén kǒu

贫 困

释义 是指那些外表光鲜，实则财务上**脆弱不堪**，经不起挫折的一类人。

我吗？

018

问题出在哪里？

我改，
我改还不行吗？

吃瓜群众

你花钱太大手大脚了。

常常和朋友出去吃饭，
平时买买烟，品品酒，
每个月会打一次高尔夫，
买东西不多，却讲品质，
再加上些人情往来。
反正，**到了月底都没了**。

收入越高，
　　需求越高，
　　　　支出也越高。

这是很多家庭都会遇上的问题。

只要老板给我升职加薪，或者跳槽，
得到一份更高薪水的工作，就行啦。

这样真能解决问题吗 ？？？

月入4万元，
我依旧很焦虑……

你这是在"炫富"吧？

让我们月入4000元的人怎么活？

哗众取宠，语不惊人死不休。

为搏眼球，什么都肯说。

别说月入4万元，
我就是月入10万元，还是很焦虑！

在香港做医生的大表叔

在香港做医生的大表叔

我月薪：11万元
太太月薪：2.5万元

¥ 每月账单 ¥

住房：九龙高档社区，租金4万
养车：油费+车位+保养，1万
两孩学费：国际学校，2万
两孩兴趣班：8000
菲佣及水电煤气：6000
双方父母生活费：8000
全家吃饭：
　　自煮+外出用餐，1.2万
全家置装费：5000
旅行：8000
兴趣消费：3000
其他未预计消费：1万

单位：元

总计：13万元

EMMA

个案

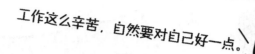
工作这么辛苦，自然要对自己好一点。

人活一辈子，不就是为了享受嘛！

周围同事、朋友都这样……

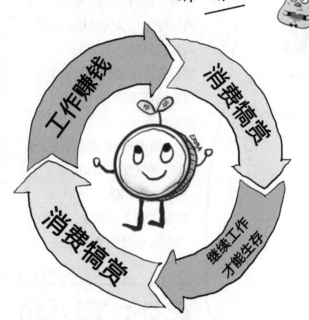

很多人用**消费**来奖励**辛苦工作**，
却因为**消费**又不得不继续**辛苦工作**。

支出太多，只是表面原因。
焦虑的根源在于错误的**现金流结构**。

现金流是什么？

我们的银行账户就好比一个水池，

收入就是往水池里注水，

支出就是给水池放水。

加入的水多过流掉的水，现金流为**正**，

反之，现金流为**负**。

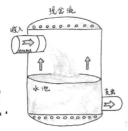

现金流
是理财中最重要的概念

他们月入4万元、10万元，依旧焦虑，正是因为他们的收入太**单一**。
太依赖他人，现金流非常脆弱，
一旦这个收入源断了，
现在的美好生活就会全盘崩塌。

家里全靠我，我的工作没了，全家就完了。

 我也是，我也是。

我们也是，我们也是。

怎么办？

常见的现金流模式之

收入
工资收入

支出
税、衣食住行、娱乐、医疗

资产	负债
无	无

常见于刚毕业的年轻人：

赚的工资用来应对每日的衣食住行。

现金流非常简单：**从收入流向支出**。

收入很单一，就是工资。

一旦丢了工作，现金流就会出现**断流**。

生存就会出现问题。

刚毕业的年轻人

没关系。
一人吃饱全家不愁。
我们熬两三个月，再找份工作，
就能翻身。

此类模式的关键：

存下至少3个月的"保命钱"。

常见的现金流模式之 **2**

在普通家庭中极其常见：

钱从收入流向负债和支出两大块，
收入比较单一，<u>依旧以工资收入为主。</u>

不过工资比前一类人更高，
有一些小额储蓄，
用来购买理财产品或者股票基金，
获得小额的**被动收入**。

收入
工资收入（主要收入）
理财收入（小额被动收入）

支出
税、衣食住行、教育、
娱乐、医疗

资产
自住用房
自用车

负债
抵押贷款
消费贷款
信用卡

拥有了**自用资产**，但是
这些自用的车和房，
不但没有带来被动收入，
反而因此背负了大额**负债**。

敲黑板： 被动收入

又称"睡后收入"，
睡觉后，还能继续有的收入。

<u>不需要投入太多时间和精力
就能获得的收入。</u>

1 租金收入

把空置的房间、机器或其他物品，
出租给别人收取租金。

我是包租婆

2 投资理财收入

如买高分红股票收取股息，
买债券收取债息，买理财产品收取红利。

3 知识产权类收入

出版书的稿费、音乐人写的歌、
漫画家的画册等收到的版权费。

主动收入：需要投入大量时间、精力才能获得的收入。

常见的现金流模式之 ②

依旧是单一的收入来源，
和前一类人一样，
接受不了失去工作的冲击。

更糟糕的是：

因为背负债务，如果现金流一断，
就无法按时供款，自住资产就会

被债权机构没收！！！

收入
工资收入（主要收入）
理财收入（小额被动收入）

支出
税、衣食住行、教育、
娱乐、医疗

资产	负债
自住用房	抵押贷款
自用车	消费贷款
	信用卡

我的车呢？
我的房呢？

归我啦！
归我啦！

常见的现金流模式之

此类模式的症结：
收入太过单一。

小企业主

很多小企业主的家庭收入，
来源于自家工厂或生意。
今年业务好，家里手头就宽松，
业务转差，手头就紧张。
从没有想过 **家庭财务要与**
企业财务分开，在企业收入以外，
另开辟其他不相关的收入渠道。

和普通中产人群一样，
此类小企业主，
也是收入过于单一，
现金流极为脆弱的。
因为脆弱，所以焦虑。
就算月入4万元、10万元，一样焦虑。
就算今年生意额上千万元，也一样焦虑。

常见的现金流模式之 3

我们是这么做的：

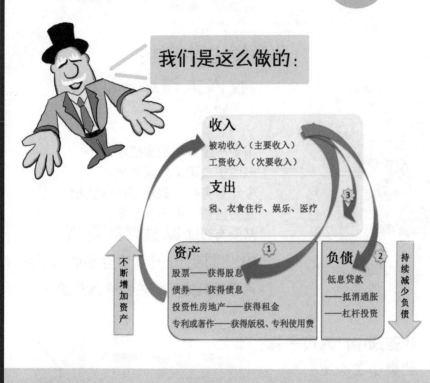

收入
被动收入（主要收入）
工资收入（次要收入）

支出
税、衣食住行、娱乐、医疗

资产
股票——获得股息
债券——获得债息
投资性房地产——获得租金
专利或著作——获得版税、专利使用费

负债
低息贷款
——抵消通胀
——杠杆投资

不断增加资产

持续减少负债

❶ 收入： 以资产产生的被动收入为主。

❷ 支出： 先预存一部分去投资，再还负债，最后才应付日常开支。
（财富账户优先支付原则）

❸ 负债： 善用贷款来杠杆投资和抵消通胀。

常见的现金流模式之

收入：

我们可以工作，也可以不工作。
我们工作，是因为我们喜欢，而不是必须。
资产产生的被动收入才是必须的。

支出： 我们会把要存的钱先存下来，
然后再安排其他。

负债： 贷款也是我们的好帮手，
让我们的财富雪球滚得更快。

我们都是"躺赢"的。

**这是我们的秘密，
你明白了吗？**

理财 ≠ 钱越多越好

EMMA

理财不等式之二

理财界热词

No.1

财务自由

某公司上市了，
持有这家公司原始股的小伙伴
就财务自由了。

某人中了六合彩头奖，
他就财务自由了。

某人说：在北京或上海，
要有1.3亿元才能财务自由。

以上这些说法，对吗？？？

我是有钱人。
我家**家财万贯**，
有金山银山，
我肯定财务自由了吧！

你们说的是**钱的绝对数量多**。

钱再多，乱来，也会变成穷光蛋。

财务自由，更多的是从**现金流**
的角度来讲的。

钱不是越多越好，而是
收入必须**多元化**，必须**可持续**。

收入的**结构**比**多少**更重要！

富有 VS 财务自由

财务自由的定义

被动收入 > 日常支出

被动收入是**挣脱枷锁**的良方。

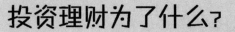

投资理财为了什么?

自然是为了赚钱。

不，应该是赚资产，
赚能产生被动收入的资产。

很多人知道要买房收租，要投资，让"钱生钱"。
但是他们的投资并不 **体系化**，也不 **可持续**。
只是东一榔头西一棒子。
也更偏好 **低买高卖** 赚差价，而不是想着找
一个 **稳定** 的被动收入渠道。

草帽曲线

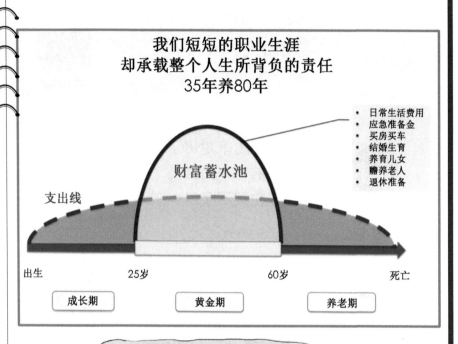

我们短短的职业生涯
却承载整个人生所背负的责任
35年养80年

- 日常生活费用
- 应急准备金
- 买房买车
- 结婚生育
- 养育儿女
- 赡养老人
- 退休准备

财富蓄水池

支出线

出生　　　　　25岁　　　　　60岁　　　　死亡

成长期　　　　黄金期　　　　养老期

挣钱一阵子
花钱一辈子

注：草帽曲线把人生画成一条射线。
人一出生，就如同开弓没有回头箭。
红色为收入线，蓝色为支出线。
帽子凸出部位，就是"财富蓄水池"。
我们用水池中的"水"，支付我们的日常生活费用。

我存了30年的养老金,
结果活了40年。

东西越来越贵了,
之前存下的钱,
现在买不了多少东西了。

我的金山银山
都被"败家子"败光了。

就怕死太早
也怕活太长

鸭舌帽曲线

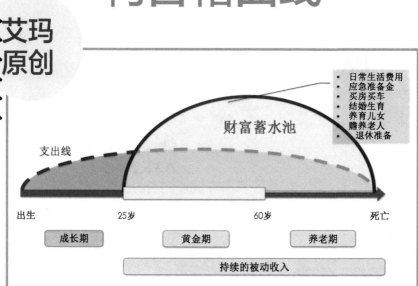

- 日常生活费用
- 应急准备金
- 买房买车
- 结婚生育
- 养育儿女
- 赡养老人
- 退休准备

财富蓄水池

支出线

| 出生 | 25岁 | 60岁 | 死亡 |

| 成长期 | 黄金期 | 养老期 |

持续的被动收入

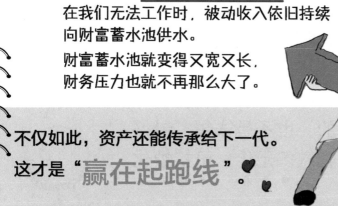

当我们有了资产产生的被动收入之后，在我们无法工作时，被动收入依旧持续向财富蓄水池供水。

财富蓄水池就变得又宽又长，财务压力也就不再那么大了。

不仅如此，资产还能传承给下一代。

这才是"赢在起跑线"。

理财的目的，不是赚钱，而是赚资产。

VS

从刚开始有收入时，
就有意识地购买资产，搭建被动收入体系，
让你的草帽曲线变成鸭舌帽曲线。
直至有一天，稳定的被动收入超过了日常支出，
你就达到了**财务自由。**

理财的目的，也不是钱越多越好，
而是要让收入多元化、可持续化。

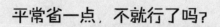 
平常省一点，不就行了吗？

你不是说**理财≠省钱**吗？
我不想降低生活质量！

我送你一本秘籍。

四字真经

3

给月光族的秘籍

招式一：

坚定决心

积极的想法会像磁石，
吸引生活中积极正面的人和事。

想要改变月光的状态，
首先要树立必须改变的决心，
对形成正向现金流**抱有强烈的愿望，**
并相信自己能改变，
这样才有机会打破习惯的桎梏。

招式二：

降低频率

我们的收入也还可以，怎么就是存不下钱呢？

美国人夫妇

财务专家

夫妇俩每人每天一杯咖啡：
- 一天就需要70元，
- 一年就要2.5万元以上，
- 30年，就是 **76.65** 万元。

哇！一年的咖啡就能买两部新手机啦！

76万元，可以买个小·公寓啦！

傻吧！要戒咖啡30年，才能换一个小·房子！

这个故事，被称为"摩卡效应"。

它告诉我们：
生活中那些看起来不起眼的
非必要开销，如果频率很高，
常年累月下，足以掏空你的钱包。

讲这个故事，自然不是让你戒咖啡。
而是想让大家体会到：
我们花钱，不能只看到一次花了多少钱，
还要加上**频率**这个变量。

第二招：降低频率

就是要找出稳定的、
持续性的、
非必要开支，思考如何
降低单次费用或拉长消费频率。

- 每周出去和朋友聚餐三次，就改成两次
- 一周一包香烟，可以改成三周两包
- 一个月打一次高尔夫球，就改成一个半月一次

通过降低频率，时间一长，
就能省下不少，生活品质也不会太受影响。

好主意！我回去就试试！

除了降低消费频率，
还有一种方法可以从根本上减少消费。

什么法子？

100元，怎么用?

一日，我在某乐园，见到一对年轻夫妇，正在玩一个游戏。

游戏规则

在一分钟内，往数字盘上扔游戏币。
游戏币扔到的数字即为积分，
以总积分多少，来换取相应的礼品。

只见这对夫妇两人一起扔，
动作飞快，片刻间，
每人便已各扔了20余枚，
差不多已扔了100元。

100元	换	一分钟的欢乐 + 价值低于100元的礼品

100元，怎么用？

小女孩喜欢做手工，
她花50元买了材料，
做成了成品，放在网上卖。
卖了100元。

100元本金，变成了150元。

100元	换	做手工的快乐 + 手工技能提升 + 150元

花钱不是想象中那么简单的
怎样让钱发挥最大的效用
这可是一门大学问！

某乐园里的100元，如果去外面买，可以买到比换的奖品价值更高的东西。

我们玩的是乐趣！

你们在地上画些圈圈，写上数字，用石子当游戏币，难道不一样吗？

￥ @ ！

我的100元可是一箭三雕！

理财不等式之三

100元，
"扔扔扔"能产生快乐，
做手工也可以。
同理，
能够带来快乐的事情很多，
不一定要靠"买买买"，
和朋友爬个山、打场羽毛球、
看美剧、玩狼人杀，
都能带来快乐。

快乐的感受很相似，
财务支出却大不同！

人性的弱点

受视觉影响

看到橱窗里五颜六色、闪闪发光的商品，
我就两眼冒"红心"♥，我要！我要！
不买，我就不开心、不快乐、不幸福。

走过路过，**没有看见**，
也就没有购买的欲望。
既然没有欲望，
不买，自然也不会影响我的心情。

聪明的省钱方法：

降低与商品接触的频率。

降低与商品接触的频率

我喜欢

逛街
刷淘宝
看时尚杂志

这些都是在  **跟商品接触。**

停一停，想一想，
有没有其他的、财务开支小很多，
但同样能带来快乐的事情可做？

招式三：

借助外力

我忍不住，
我就是忍不住"买买买"!

还记得我们的**秘诀**吗?

财富账户优先支付原则

可以设立零存整取的账户，
或买一个储蓄型保险……

每个月在拿到收入之初,
便强行扣除一部分。

四字真经
EMMA

招式四:

记账预算

我买的东西又不贵!
不知道怎么回事,就没钱了。

记账 **App**,
可以帮到你。

怎么花了
这么多!!!

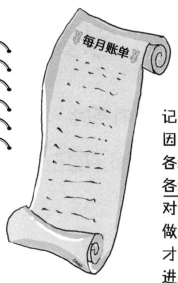

每一笔都是小数，
积少成多就会吓一跳。

记账最好要持续一年，
因为一年才是最完整的周期。
各种节日、家人和好友的生日、
各种花钱的场景都经历了一遍，
对计划未来一年的预算就更有指导意义。
做到心里有数后，
才能预先预留一部分给花费较多的月份，
进行相互调剂。

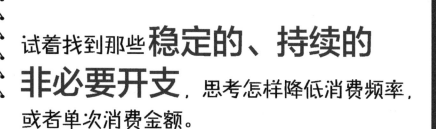

记账之后，还需要定期分析反省，
制作每个月各大类支出的预算，
时时提醒自己的消费情况。

试着找到那些**稳定的、持续的**
非必要开支，思考怎样降低消费频率，
或者单次消费金额。

四字真经

招式五：

"需要" 和 "想要"

区分需要和想要，并在消费时

减少购买想要的物品。

需要 ? 想要

区分需要和想要可没那么简单！

就拿衣服来说，如果没有御寒衣服，买一件是需要。

已经有很多件T恤了，再买就是想要了。

但如果要去面试新工作，买套好的职业装，就又成了需要了。

"你以为是 需要，其实是 想要。"

超市里，沐浴露正打折呢。
沐浴露总算是需要了吧！
打折，买到就是赚到。

柜子里怎么有这么多过期的
沐浴露、洗发水和牙膏呢？

请人吃饭，
要让人吃饱且吃好，
这是需要了吧？

啊呀，啊呀，怎么吃剩下这么多？

衣柜里永远少一件，
怎么搭配啊？
我需要再买一件才行。

衣柜里都塞满了，还少？

区分^{需要}和_{想要}的四大原则

1 应重品质而非品牌

2 买了不用的东西，就是想要

3 买的数量过多，就是想要

4 追赶潮流，就是想要

下次买东西时，先停一停，
想一想，这是需要还是想要？
如果是想要，能否不买？
能否延迟一段时间购买？

延迟消费，经常有奇效。

很多人今天特别想要买的东西，一星期后，就不再想要了。

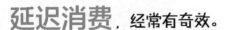

四字真经

EMMA

招式六：

择友而交

可是，我的朋友们都买了。

一个人容易节制，但一群人在一起，迫于面子、群体压力或氛围等影响，很容易"破戒"。

方法

平时多交有**良好消费习惯**的朋友，少与**追品牌、追潮流**的人交往。

避免超出自己的实际消费能力，盲目攀比会造成财政赤字。

此外，与朋友一起聚会，可以选择

快乐感相似、财务支出不同的项目。

例如，爬山、打球、看电影、参加读书会、参加成长社团等。

避免频繁去吃大餐、K歌和一起"买买买"。

四字真经

EMMA

招式七：

找替代品

刚忙完一个大项目，累死了！
要好好犒赏自己。
大家聚一聚，吃顿好的，
再买个礼物，奖励一下自己。

太无聊了，去逛逛街吧！
或者上淘宝看看？

人如果内心空虚或充满压力，
就会找一些模式来填补。
有些人虽然衣食无忧，却少与人交流。
生活中缺乏兴趣爱好，社交活动也不多。
购物往往成为他们追求自身价值的途径，
物品本身反而没有太大意义。

要从根源上解决这个问题，
需认真对待内心空虚的问题，
并找到转移压力的方法，
即**找替代品**。

可以培养一些兴趣爱好，
或主动参加一些有益身心的群体活动，
如做义工、参加手工课、郊游等，
让生活丰富起来，也能缓解压力。

月光难题　七招攻破

四字真经

坚定决心

降低频率

借助外力

记账预算

需要想要

择友而交

找替代品

4

等我有钱了，
再理财吧

没有钱，就不用理财

你这样下去不行啊，要理理财啦！

理财，得先有钱，才能理啊！

我没钱，所以不需要理。

等我有钱了再说吧。

时间

时间就是金钱
一寸光阴一寸金

哎！又来了！
老生常谈！

要是能听懂这句话，
你就能成为千万富翁啦！

千万富翁？ 真的?

如何成为千万富翁？

 早生十年多买几层楼。

彩票中奖！

做生意"发达"了。

抓住一场互联网风口。

 投资的产品翻倍再翻倍。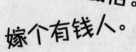

嫁个有钱人。

No. No. No.
这些方法都要"撞大运"。

其实，有一个方法，
能让你**把握自己的命运**，
成为千万富翁。

财富的终极武器

世界上最厉害的武器，

不是原子弹，

而是**时间+复利**。

单利 只有本金才能产生利息

就好像：一只母羊，生了三只小羊，
我们把小羊吃了，或者卖掉换了钱。
只剩下母羊继续生小羊。

通常，银行卖的产品都是以单利计算的。

隔壁老王向你借10万元，年利率为3%，借5年。

用单利计算，总利息是：10万元 × 3% × 5=1.5万元

复利 除了本金产生利息，
利息也能产生利息。

就好像： 一只母羊，生了几只小羊。
小羊长大后，也能再继续生小羊，
一代代繁衍，羊越生越多。

高利贷为什么可怕？
是因为它就是用复利计算的。

复利就是：

利滚利、钱生钱

复利的公式

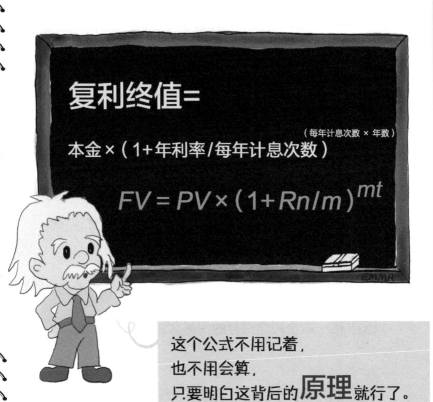

复利终值=

（每年计息次数 × 年数）

本金×（1+年利率/每年计息次数）

$$FV = PV \times (1 + Rn/m)^{mt}$$

这个公式不用记着，
也不用会算，
只要明白这背后的**原理**就行了。

只要在网上搜索"**复利计算器**"，
就可以找到大把小·程序。
只要输入四个关键指标，
立刻就能算出复利结果了。

复利	搜索
复利　计算器	

影响复利结果的四大关键指标：

本金　本金越高，未来财富越多。

时间　本金利息滚存时间越久，未来财富越多。

年利率　年利率越高，未来财富越多。

年计息次数　利息越早收到，越早开始利滚利。
如能每月计息一次，则最佳。

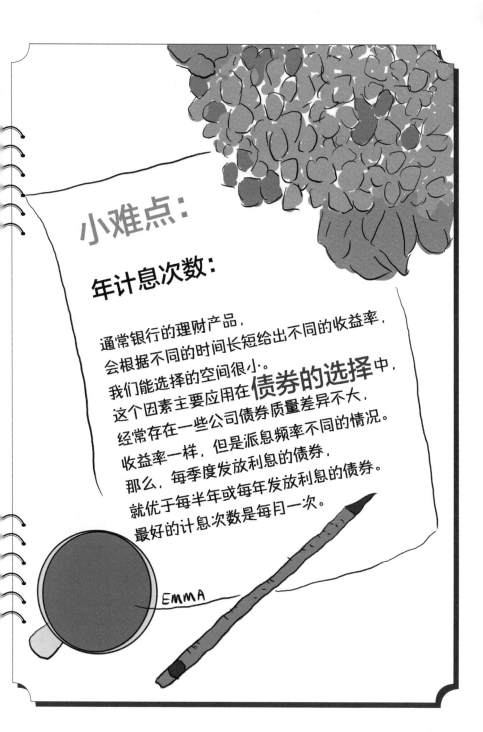

小难点：

年计息次数：

通常银行的理财产品，
会根据不同的时间长短给出不同的收益率，
我们能选择的空间很小。
这个因素主要应用在**债券的选择**中，
经常存在一些公司债券质量差异不大，
收益率一样，但是派息频率不同的情况。
那么，每季度发放利息的债券，
就优于每半年或每年发放利息的债券。
最好的计息次数是每月一次。

EMMA

这听上去也不稀奇呀，怎么会比原子弹还厉害？

见证奇迹的时刻到啦！

例子一

本金：20万元
时间：30年
年收益率：8%
年计息次数：1次

单利终值：20万元 + 20万元 × 8% × 30＝68万元

复利终值：20万元 × (1+8%)^{30} ≈201万元

单利后，20万元变68万元。

复利后，20万元变201万元。

复利比单利多收约133万元。

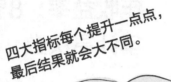

例子一

本金：20万元
时间：30年
年收益率：8%
年计息次数：1次

四大指标每个提升一点点，
最后结果就会大不同。

例子二

本金：30万元
　　　每月存3000元
时间：40年
年收益率：9%
年计息次数：1次

总投入本金：173.7万元
复利后收益：**2208**万元

四个条件都不算困难呀！
怎么就成了千万富翁呢？

我再来给你讲个传说：

我最喜欢听故事了。

从前，有一个年轻人，
他在工作之余去上夜校。夜校老师跟他说：
你每月存1000元，存上40年，你就能成为亿万富翁啦！
这个年轻人，就照着这么做，成为了一代华人首富。

咳，咳，咳！
谁在念叨我呀！

真的？

这只是个故事，
背后的隐含条件是年收益率为20%。
40年中，每年20%的收益率极难达到。
不过，我讲这个故事，是为了凸显复利的效果。
你只需体会故事中复利带来的启示即可。

例子三

本金：每月存1000元
时间：40年
年收益率：20%
年计息次数：1次
复利后收益：**亿万富翁**

月存1000元？我也行啊！
别说1000元，我能存5倍，每个月存5000元！
这40年的时间能不能缩短1/5呢？

8年？每月存5000元？亿万富翁？

你很美，想得美！

那满大街都是亿万富翁了！

例子二

本金：30万元
　　　　每月存3000元
时间：40年
年收益率：9%
年计息次数：1次

总投入本金才173.7万元，收益率也才9%，复利后收益居然高达**2208**万元

例子三

本金：每月存1000元
时间：40年
年收益率：20%
年计息次数：1次
复利后收益：亿万富翁

VS

本金：每月存5000元
时间：8年
年收益率：20%
年计息次数：1次
复利后收益：~~亿万富翁~~

这里的本金、收益率和年计息次数一样，唯有**时间**不同，结果却天差地别。

窍门在哪里？

这两个例子清晰地告诉我们

时间的重要性

知道复利的人，或许觉得这不足为奇，
因为他们明白复利是靠指数计算的，
越往后增长越快。

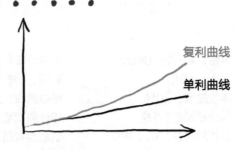

复利曲线

单利曲线

但很多普罗大众，
一辈子都没听说过复利，
也有很多人听说过，
但对复利的理解模模糊糊，
完全不知道怎么样应用到生活中。

理财 ≠ 有钱人的专利

理财不等式之四

错误的关注点

我们总是太重视**本金**和**收益率**。

要么希望本金特别多，

本金
- 彩票中奖
- 投个好胎
- 嫁个有钱人

要么希望投资收益率特别高，一个项目，20%的收益还不够，最好40%或翻倍。

做生意发达了
抓住一场互联网的风口
早生十年，多买几层楼

收益率

我们常常有了余钱，
去投资朋友的创业项目。
想的是有一天他上市了，
我可以得到很多倍的回报。

但大多数结果都是有去无回。
不是说朋友不努力，或者骗咱们的钱，
而是一家创业公司要想上市，
这条路太长太难，有太多变数。

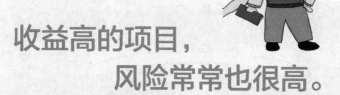

收益高的项目，
　　　风险常常也很高。

于是，大家觉得

　　到处都是"雷"、到处都是"坑"。

其实，
是咱们把收益率目标定得太高了！
咱们都太急躁了。

想要创富，大家的关注点都放在
本金和**收益率**上。

其实，对于普通人来说，
有一个比较**稳妥**且**可行**的创富方法。
这个方法的秘诀，就在于**时间**。

因为利息能产生利息，
只要时间足够长，
母羊生小羊，
一代代下来，
羊群就会越来越大。

时间

$

只要利用好复利，
做好财务规划，
坚持足够长的时间，
不用撞大运，
也能成为千万富翁呢！

我明白了！简单！
我马上去银行买一个理财产品，
然后一直滚存，不把利息拿出来。
这就行了吧？

哎……
我还没说完呢！
哪有这么简单！

复利是一个数学公式。
数学公式的好处在于，
无论我说得多么天花乱坠，
1+1=2，都没办法算出3来。

靠谱！

咱们把不同的数值放进这个公式中，
就能产生不同的结果。

从公式上看，
本金、时间和收益率，
每一个变量只要有一点点提升，
在很多年以后，
就能有翻天覆地的变化。

本金

复利公式里的本金：

可以一次性投入，买一个产品一直滚存
也可以像第二个例子中的一样，每月加码。

收益率

复利公式里的收益率：

可以是一个产品的收益率，
也可以是整个投资组合的平均收益率。

等三四十年，
才能成为千万富翁，
黄花菜都凉了！

还记得富豪们的现金流模型吗?

我们会把每个月新得到的收入，
先划出一笔加入财富账户。
这叫**财富账户优先支付原则**。

每个月新增的钱，
就是在给正在滚动中的复利雪球
添加新的动力。

财富
雪球

要想你的财富雪球转得飞快，

本金、收益率和时间都可以往上调一调。

还能不断往雪球里追加新的动力！

而这新的动力来自**正向现金流**。

三个因素放在一起，

就能产生神奇的效果，

实现你本以为无法实现的财富梦想。

复利

告诉我们的是一个**方向**

传统思路：**赚差价**

关注资产价格的上上下下，利用低买高卖来获利。

复利提醒我们：**利滚利**

当本金和利息不断滚存足够长的时间时，就可以达到一个惊人的数字。

复利提醒我们：要重视**利息**！
要关注**时间值**！
别嫌利息少，
蚊子再小，也是肉。

谁？
谁在喊我？

复利在**房产投资**上的启示

我家里有十套房。

长三角
二线城市土豪

租出去了吗?

出租太麻烦了!
一个月租金只有两三千元。

可是十套房加起来,
一个月就有两三万元啦!

呃……

你那楼空了多久啦?

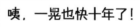

咦,一晃也快十年了!

一个月3万元,
一年36万元,
十年360万元。这还没有算复利呢。
别的生意要想赚这么多,得多困难呀!

复利在**房产投资**上的启示

很多人的想法很简单，
认为房子是会升值的，
到时候高价卖出就行了。
想的是靠低买高卖的**价格差**来获利。

但是，当我们明白了复利的原理后，
我们就会想到：
房租就是房产这类投资的利息。

当利息不断滚存，
到后来就会形成一个较大的数字。

那么，你就不会再随意空置房产，
更不会一空置就是十几年。

我们总嫌弃复利太慢，
却没留意，
一不小心就浪费了十几年的**时间值**。

复利在**股票投资**上的启示

我喜欢波幅大、未来成长好的股票。一买一卖，很快就能赚钱啦！

被"割韭菜"的时候更多吧？

我们买卖股票的时候，
也多喜欢炒卖波幅较大、
未来成长前景好的股票，
希望通过股票价格的提升来**赚差价**。
但是，通常这类成长股较少分红，
也因为要等待买入和卖出时机，而错失很多**时间值**。

当我们明白了复利的原理，
就会提醒我们去看看那些
股价基本上没什么太多波动，
但每年固定分红的价值股。

因为**分红**就是股票这类投资的利息，
在复利的效应下，长期来看，
是更**稳妥**的创造财富的方法。

复利在**另类投资**上的启示

收益率6厘? 8厘? 太低了。
我喜欢高收益的产品。
富贵险中求啊!

> 掉坑里了没?

很多人追逐高收益的投资项目,
收益率8%以下的产品都不屑一顾。
但是高收益的好项目很是稀少,
我们在寻找、等待的过程中,
也会错失 **时间值**,
而且, **收益高的项目风险也高**。

当我们明白了复利的原理,
我们也会明白:那些长期存在的、
平常我们看不上眼的较低收益项目,
经过复利的滚存,也能够获益,并且风险更低。

复利的原理告诉我们：
要重视产品的利息、
珍惜时间值、
靠正现金流不断添加新动力！

初始本金不用很多，
收益率不用很高，
高了风险太大。
一年高收益，一年亏损，
复利的作用就会被抵消。

只要中等收益率，
关键是收益率要稳定，
不断加入新的动力，
你的财富雪球就能越滚越大。

书接上回

没有钱，就不用理财

你这样下去不行啊，要理理财啦!

理财，得先有钱，才能理啊!

我没钱，所以不需要理。

等我有钱了再说吧。

影响复利结果的
四大关键指标:

本金 ✗

年利率 ✗

年计息次数 ✗

时间 ✓

对于刚毕业的年轻人来说:

● 没有本金。

● 不会投资，收益率也提高不了。

● 年计息次数
都是提供产品的机构拟定的。

● 唯一能把握好的利器，
就只有**时间**。

越早开始，就越早获利。

我要是能回到从前就好啦！
我就能早点开始复利的滚动啦！

种一棵树，
最好的时机是十年前，
其次就是现在。

我们要做的就是：

坚信复利的原理
立刻开始
坚持下去
让时间给我们惊喜

EMMA

第一年，存钱加入财富雪球。
第二年，存钱加入财富雪球。
第三年，存钱加入财富雪球。
第四年，存钱加入财富雪球。
第五年，彻底放弃了。

最初十年，复利效果不太明显。
很多人只见存钱，不见收益，
加上又到了成家立业、买房买车的人生阶段，
生活负担越来越重，很容易就放弃了。

但是，要想看到复利的效果，
就必须坚持足够长的时间，
因为越往后效果越显著。

5

数学不好，
就学不会理财吗

离异女子的漂亮**逆袭**

新女主角登场

我是一朵被催残的"芙蓉花"

大学毕业后，就成了全职太太，离异。

分到
- 200万元现金
- 当时住的房子
- 当时用的车子
- 5岁的女儿

每月前夫给6000元赡养费

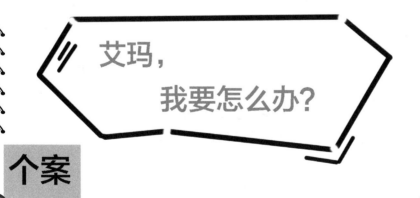

艾玛，

我要怎么办？

个案

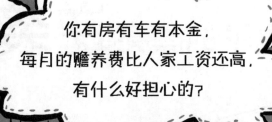

你有房有车有本金，
每月的赡养费比人家工资还高，
有什么好担心的？

我……我……我……
离婚后头半年，
用疯狂购物来排解内心的挫败感，
花了几十万元。

¥ @ ！

我……我……我……
遇到渣男，又被骗了几十万元，
200万元，现在只剩下60万元了……

¥ @ ！

我从来没工作过，也没技能，
每个月不仅月光，还不够用！
我不知道之后怎么办！

好吧！好吧！

理财，理财，
先理，才有财！
咱们就先一起来理一理。

怎么理？

帮助你"理"清财务状况的
七大问题：

问题5是找彩蛋环节：

1. 月收入多少？
2. 月支出多少？
3. 有什么资产？
4. 有什么负债？
5. 其他还有什么？
6. 你想要什么？
7. 你有哪些可以
   立刻变现的技能？

有人找出：

• 别人还欠着自己的钱。
• 废弃的仓库，可再利用。
• 爷爷传下来的邮票……

最经常的发现：

因跳槽或转换城市，
遗留在不同账户里的
公积金、社保，
以及不同银行卡里的小额存款。

107

你可以在一边问自己七大问题的时候，一边填写以下的"状况总结表"。

状况总结表

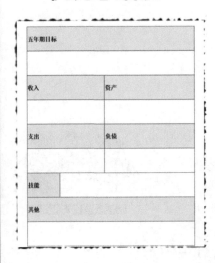

五年期目标	
收入	资产
支出	负债
技能	
其他	

三张表格：

- 家庭资产负债表
- 家庭年度收支表
- 状况总结表

三张表格各有侧重，
前两张表在单项上分得更细，
更容易看出存在的问题。

状况总结表展示·全貌，
适合做 理财方案总结，
用来 指导未来实践的方向，
做前后理财效果的对比。

七大问题&三张表格
是梳理家庭财务状况的两大利器！

这是我的状况总结表：

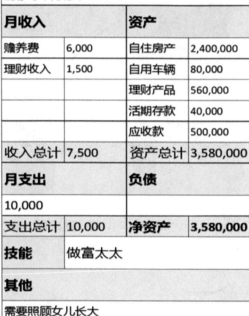

五年期目标			(单位：元)
实现财务自立			
能够每个月存下4000			
月收入		**资产**	
赡养费	6,000	自住房产	2,400,000
理财收入	1,500	自用车辆	80,000
		理财产品	560,000
		活期存款	40,000
		应收款	500,000
收入总计	7,500	资产总计	3,580,000
月支出		**负债**	
10,000			
支出总计	10,000	**净资产**	**3,580,000**
技能	做富太太		
其他			
需要照顾女儿长大			

每月收入7500元，
每月支出1万元？

有主意啦！

资产

隆重推出
新概念

什么是资产？

广义资产

好资产

值得
积累的
资产

广义资产：会计学定义。

就像存款、屋子、车子、桌子、椅子，
只要**产权归属能清晰界定**，
能用货币单位来衡量，
都可以称为资产。

理财更关注
现金流。

评估一个资产的好坏,
主要从现金流的角度来区分。

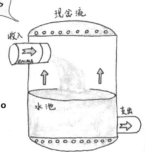

好资产:

能在持有期间,
不断往你口袋里放钱。

如出租房产、成熟公司股权、
交易所上市收息股票、债券等。

广义资产

好资产

值得
积累的
资产

值得积累的资产：

除了能在持有期间产生现金流，
该**资产本身的价值**
随着时间流逝，也逐渐增长，
且增长速度比通货膨胀快。

例如：

- 某些出租房产，除了租金，房价还在增长。
- 某些收息股，除了分红，股份还在增长。
- 买入价低于票面价的债券，除了债息，
持有到期能收回票面价。

Q:

考考你

以下这个故事里，
房子、车子、黄金、
公司股权、货币基金，
哪些是好资产呢？

小明的爸爸做生意赚了一大笔钱。

- 他们把原来的旧房子卖掉，换了一套大房子住；
- 他爸买了一辆宝马车；
- 他妈买了点黄金首饰；
- 他们还买了一家公司30%的股权，
  这家公司是做智能机器人的，
  刚成立三个月，产品还在研发；
- 最后，剩下10万元现金，买了货币基金。

再想一想**好资产**的定义：

能不断往你口袋里放钱。

答案：

自用，
带不来被动收入。

黄金保值啊！
盛世古董、乱世黄金。
这总算是好的资产了吧！

始终要记得好资产的定义。理财，更关注现金流。

黄金不能带来现金流。

一般家庭，买了黄金，很少卖出，
只是传给下一代，下一代继续传。
除了想着不要被偷，就只是一块"漂亮的石头"罢了。

公司股权呢？
智能机器人是风口啊！
说不定能被投资人看中，
最后成功上市呢。

注意哦，这家公司还没有赢利，
不仅没有收入，可能还会倒贴钱。
自然不算是好资产。

唯一可以称得上好资产的是
货币基金。

货币基金收益这么低，
还算好资产？

至少能给你带来现金流，
比消耗在其他地方好多了。

我替你想到的逆袭方案，
就是分清手里的资产是不是**好资产**。
来，咱们看看你手里有什么"货"？

120平方米自住房

搬去与同城的父母同住，
把这个房子出租，
获得被动收入6300元/月。

孩子由父母帮忙照顾，
她脱身出来找一份工作，
融入社会，靠自己活下去。

也能离开悲伤的环境，
重新开始。

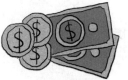

60万元现金

没有投资经验，以保守为主。
建议购买银行的理财产品。

自用私家车

父母有车，
网约车也方便。
建议卖出，
换取本金，
赚取被动收入。

从月入-2500元

到月存1.2万元，

我的**逆袭**之路！

素素半年前的状况 调整前			
五年期目标			
实现财务自立			
能够每个月存下4000			
月收入		**资产**	
赡养费	6,000	自住房产	2,400,000
理财收入	1,500	自用车辆	80,000
		理财产品	560,000
		活期存款	40,000
		应收款	500,000
收入总计	7,500	**资产总计**	3,580,000
月支出		**负债**	
10,000			
支出总计	10,000	**净资产**	3,580,000
技能	做富太太		
其他			
需要照顾女儿长大			

素素半年后的状况 调整后			
五年期目标			
学会投资理财			
成为千万富翁			
月收入		**资产**	
工资	5,200	出租房产	2,400,000
赡养费	6,000	理财产品	720,000
房租收入	6,300	活期存款	40,000
理财收入	2,500	应收款	500,000
收入总计	20,000	**资产总计**	3,660,000
月支出		**负债**	
8,000			
支出总计	8,000	**净资产**	3,660,000
技能	组织活动、联谊		
其他			
需要照顾女儿长大			

调整之后，

尽管净资产没有太多增长，

但现金流状况，

却有了翻天覆地的变化！

不仅每月能存下1.2万元，

而且，被动收入已超过了每月的支出。

我还以为会有什么大招呢！切，这么简单啊！

没错。这个方法，说简单，很简单。可是，就有不少人犯着同样的错误。

错误一　房子越换越大，车越买越豪华。

以为自己买的是好资产，
却不知道

自用资产并不能带来现金流，
只是

账面富贵。

赚钱,
不就是为了过好日子吗?

就是!就是!

有没有听过一个词,
叫作"消费力错觉"?

2018年11月9日
《纽约时报》

美国有史以来最年轻的女性国会议员,

29岁的 **Alexandria**,

去华盛顿上任的时候,居然租不起房子。

她说,要等国会给她付第一笔工资,才有钱租房。

但是,据《福克斯新闻》爆料,

她身上的衣服要好几千美元(约合上万元人民币)。

能买上万元的衣服,却租不起房子。
这种情况可不罕见。
身边有很多人,每个月收入才三四千元,
却要买几万元的包包。
为了买包,要么省吃俭用好几个月,
要么就刷信用卡或借贷款。
买了这么好的包,
自然还要买配得上的鞋子、衣服、化妆品。
结果,自然就存不下钱。

消费力错觉

财务专家

很多人不懂怎样进行自我分类，不能准确地评定"自己是哪一个阶层的消费者"，从而作出超越阶层的消费决定。

简单来讲，就是明明是中产，却要过富豪的生活。

能不能合理地评估自己所在的消费阶层，这是理财的基本功。
● ● ● ● ● ●

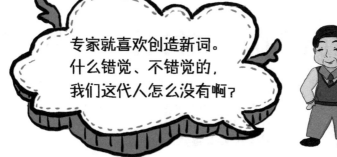

专家就喜欢创造新词。
什么错觉、不错觉的，
我们这代人怎么没有啊？

以前的社会，物资比较贫乏，大家都没钱。
就算有钱，也没有东西买。生活成本很低。
没工作的时候，大家种种菜，
打个零工，开个小卖部，也能过日子。

现在不一样了，经济繁荣、科技进步，
日常消费的选择五花八门，特别多。
即使是同一种日用品，不同的品牌，
价格就可能相差几十倍呢！

就是。电风扇，六七十元就能买的到了。
现在很火的电风扇要五千多元呢！
这可是七八十倍的差距啊！

白T恤也是。最便宜的20元就能买到。
可那些大牌子，在上面画个符，就能卖上千元。

为什么差不多的东西，价格相差几十倍，
大家还会去买呢？因为我们给这些东西
赋予了阶层的意义。

赋予阶层的意义?

奢侈品因为价格贵，
很少人买得起，
所以，成为一些人
用来表示自己与众不同的工具，
成为身份的象征。

如果家里有钱，买这些奢侈品，
对生活毫无影响，自然无所谓，
爱买什么买什么。

我有钱任性！

但是，就有很多人，拿着一般的工资，
渴望富豪的生活，特别想成为他们中间的一员。

只要省吃俭用一段时间，
就能买一件本来只有富豪才买得起的奢侈大牌。
等到自己用的时候，哇！感觉太棒了！
就有了"我已经是其中一员"的感觉。

但是，理财，也讲究轻重缓急！

理财的轻重缓急

招式五：
需要想要

区分需要和想要，并在消费时
减少购买想要的物品。

需要 **?** 想要

区分需要和想要可没那么简单！

什么是**必需**的，
要优先购买；
什么只是**想要**，
可以不买，或先等等，
等更有余力之后再买。

我们手里的钱是有限的，买了太多想要的，
就不一定够去买生活必需品了。

> 对美国女国会议员来说，
> 有房子住，肯定比买一套上万元的衣服
> 更必需、更重要，对吧？
> 那就应该优先支付。

每个月，
我们应该先把必需的费用都留出来。
注意：必需费用还包括**储蓄**。

还记得吗？
这叫"财富账户优先支付原则"。

像我们这样的，
吃喝拉撒都搞定了，
总能买些想要的了吧?

你们现在还有个必需，
就是要**搭建被动收入体系**，
让收入更多元化，更可持续化。

对！对！
总是一不小心就忘记了。

要时刻牢记这个**理财大目标**，
做每一项大的投资理财的决定时，
都先想一想，这个决定能不能让你
离目标更近一点!

买自住房，是必需品。
但是够用就好了。
在完成理财大目标之前，
不要贪大贪豪华。

买自用车，是必需品。
但是，如果十几二十万元的车，
已经能满足需求了，
就不要买七八十万元，上百万元的。

留些余力做其他投资，
把收入先多样化起来。

这里强调的是**先**和**后**的问题。
不是说不能改善生活，
而是得先满足所有必需。

包括
已知的必需
（日常生活费）
和
未知的必需
（靠储蓄和被动收入来抵御）。

最怕是把钱吃光用光，
等到要支付
生活必需品的时候，
钱不够用了。
那就糟糕了！

EMMA

127

的确，我们曾经以为
自住房、自用车是好资产，
越买越大，越买越豪华。
于是没了钱做其他投资。

自住房的房价涨了，还沾沾自喜，
却不知道只是账面富贵。

错误二

跟风投资
黄金、邮票、钱币、艺术品

如果真是为了兴趣爱好，
就喜欢在这些项目上烧钱，
那是另外一回事儿。

但是，很多人其实也没有那么喜欢，
买的时候就是跟风，或者突然兴起，
认为反正这些也是投资品，
说不定有一天能卖个好价钱呢。

殊不知，
本来咱们本金就不多，

最后被一时兴起给消耗掉了。

万众创新

现在是万众创新的时代，
很多朋友聚会，
一坐下来就会讨论各种商业机会，
恨不得一餐饭就能成交几单生意。

于是，这边投十万元、那边投十万元，
结果，大多数创业项目都没有成功，
付出去的钱只是**买了个梦**。

错误三 在财富积累的**早期**，
分散资金去投资**创业项目**。

这些可能成功的创业机会，
只要不能带来正向现金流，
就不是好资产。

人家风投和私募
不都在投资创业项目吗？
一转手就是几倍、几十倍、
甚至几百倍的收益。
人家都是聪明人，
跟着聪明人走，肯定没问题。

高收益背后承担了高风险！
一将功成万骨枯。

如果你已经很有钱了，
拿出一点钱来博大收益，
那是另一种情况。

在财富积累的早期，
应该集中精力购买好资产，
而不应在各种虚幻的梦里把本金消耗掉。

想要创富，大家的关注点都放在**本金**和**收益率**上。

其实，对于普通人来说，有一个比较**稳妥**且**可行**的创富方法。这个方法的秘诀，就在于**时间**。

因为利息能产生利息，只要时间足够长，母羊生小羊，一代代下来，羊群就会越来越大。

书接上回

还记得我们讲复利时曾经说过，
本金和**收益率**
并没有我们想象的那么重要。
更重要的是**复利的效应**。

当复利、正向现金流和时间
组合在一起之后，
就会产生奇妙的作用，
财富雪球就会滚得飞快。

不断带来正向现金流的收益，
就是不断加入的利息，
利滚利之下，复利效果会更加明显。

这三类错误都是我们经常犯的。
我们总是这样：

**东买一点、西买一点，
买了一堆不能产生复利，
不能滚雪球的不良资产！**

这么简单的调整，
她自己为什么没有想到呢？

对呀！
为什么只有2个人，
还住那么大的房子？

为什么明明爸妈已经有两辆车了，
她们还要用一辆？

因为我离婚以前，
我们就住在这里，
我们就用这辆车啊！

这就是**习惯的力量**。

习惯，
是如此之轻，
以至于，
无法察觉。

又是如此之重，
以至于，
无法挣脱。

—— 巴菲特

习惯太轻了，我们很难察觉；
习惯太重了，我们很难挣脱。

我们很少会定期停下来，反思一下，
自己现在的状况是不是最优选择。

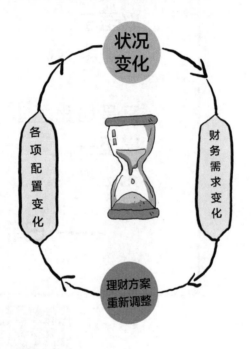

生活在不断变化，
我们也要跟随变化做出调整。
不能仅仅是顺其自然、习以为常！

思考题 **?**

你拥有的资产中，
哪些是好资产？
哪些是不良资产？
可以做什么样的调整？

A 房子

B 车子

C 珠宝首饰

D 现金类

E _____
其他

怎么调整
才能更好呢？

我也是女主角！

美术老师敏敏

我在珠三角独立运营
一间儿童绘画培训工作室。

这个工作室已经运作了两三年了。
有一批稳定的客户。

工作室扣除费用，月收入8000元。
但是，家庭支出也是8000元 。

有两个孩子，老公在家炒股带娃。
希望能够存100万元和孩子们读到大学的学费。
希望有一天能享受画画，不用工作。

我的梦想是
诗和远方。

个案

这是我的状况总结表：

五年期目标		
*资产达到100万		
*两个孩子读到大学的学费		
*敏敏可以享受画画，不需要工作，但依然获得投资收入，维持生活		
月收入		**资产**
敏敏	8000	敏敏股票账户：37万
敏敏先生	暂无	共同账户：18万
		基金账户：18万
		现金账户：10万
		应收款：5万
收入总计：8000		资产总计：88万
月支出		**负债**
估计支出：8000		欠亲戚：4万
		负债总计：4万
支出总计：8000		**净资产总计：84万**
技能	画画、儿童培训、交通理赔	
其他		
先生曾有8000元的月收入		

妥妥一枚
月光族

教你**两招**，
帮你实现财务自由！

第一招　挖掘沉睡资产

所谓沉睡资产，
顾名思义，
就是在那里"呼呼大睡"，
起不到任何作用的资产。

发现身边被我们忽视了的，
可以产生收益的资产，
并把它们**更好地利用起来**。

我们在用七大问题
进行梳理时发现：

当时租画室的时候，
打算同时开几个班。
结果后来只开了一个班。
四间教室，我们只用了一间。

租约还有几年？

还有3年。

至少可以租出去两间，
留一间扩大经营时用。
两间教室预计
每月能收多少租金？

两间加起来，
应能租3000元/月。

恭喜你，
找到了第一份稳定的被动收入来源。
光这一项，已经是你目前收入的37.5%了。

Q5：

其他还有什么？

我的画作算不算？
我每天陪孩子画画，
开心画，不开心也画。
那些画都堆在闲置的教室里。

> 画作是画室的副产品，
> 会**不断持续产生**，
> 应该好好利用起来。

除了在纸上画，也可以教孩子们
在不同的纯色日用品上画。
实用的储物盒、杯子、盘子等，
配上童趣的手绘，应该很受欢迎。

跟我一样，
一箭三雕！

可定期组织孩子们去卖作品。
卖得的钱，归创作的孩子。
活动本身也给画室做了广告，
孩子们也将充满兴趣和成就感，
顺便还解决了家里习作堆积、
舍不得扔的难题。

这样画室也有了区别于其他培训班的特色，
可以趁机打造自己的品牌。

哈!
要买日用品材料,
还要组织售卖,
我一个人忙不过来呀!

舍得

画室要发展,
尤其是要拓展新业务,
寻找新盈利点,
就必须懂得舍得的道理。

把基础性的、耗时较长的工作外包,
自己做更高价值的工作。

你老公之前做保险理赔的,
曾经也有8千元的月收入,
沟通和逻辑能力应该不错,
也许他是一个好业务员或采购员。
那样,他也不需要再出去找工作,
同时还能照顾两个孩子。

老师画作的寄卖
+
手绘日用品等课堂副产品
＝
每月增加收入约1600元

寻找属于你自己的
沉睡资产

沉睡资产，并不一定"高大上"，
不是只有家里有空闲房产可供出租才算。

● **买房的首期款**
在存够金额，转账出去之前，
都是沉睡资产，可以购买保本类短期理财产品。

● **有公积金贷款，自家房子却已供完**
如有较安全、稳定的投资渠道，
投资收益高于房贷利息，家里整体的贷款率不高，
即可考虑去银行套现，进行其他投资。

● **每月收入扣除支出后的净现金流**
在汇集成较大金额进行专项投资前，也是沉睡资产。

● 做二房东。

● 把不用的物品放二手交易平台上售卖。

● 闲置的时间等。

只要有心，每个人都能找到。

真实故事

每个人都有
独特的资源

我家屋顶是沉睡资产。
于是，花了十万元港币，
在屋顶上装了太阳能板，
产生的电卖给香港的中电公司，
每月能收三四千元港币。
如今已经收了一年多啦！

@艾玛本人

我是摄影爱好者，
家里买了很多镜头。
因为越买越好，旧镜头就没用了，
又舍不得扔，只是放着积灰。
这是我的沉睡资产。
我把它们放在了二手租赁平台上出租，
一个季度收几百元，搁两年就回本啦！
虽然少，却是废物利用啊！

@港大状元远源

我生完两个孩子，不想做全职太太。
我认识一个生产按摩椅的朋友，
还认识一个是商场管理人的朋友。
他们俩是我的沉睡资产。
我就低价买来了按摩椅，
去商场做共享按摩椅。
没想到，从此越做越大，成就了我的事业。

@Lisa小姐姐

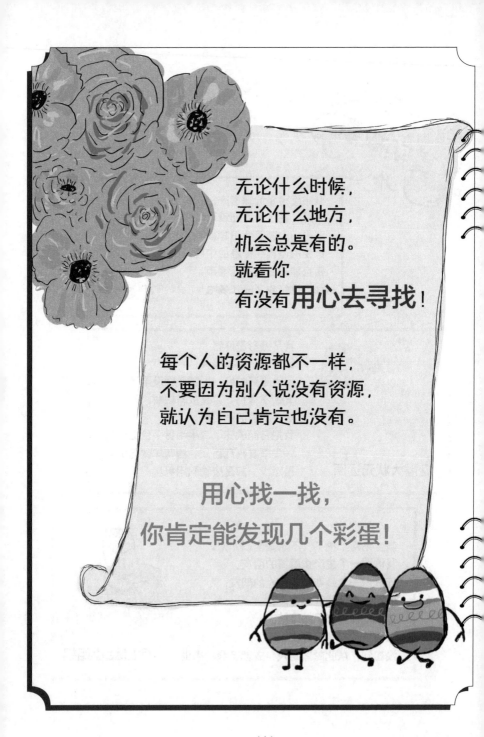

无论什么时候，
无论什么地方，
机会总是有的。
就看你
有没有**用心去寻找**！

每个人的资源都不一样，
不要因为别人说没有资源，
就认为自己肯定也没有。

用心找一找，
你肯定能发现几个彩蛋！

教你**两招**,
帮你实现财务自由!

第二招 盘活不良资产

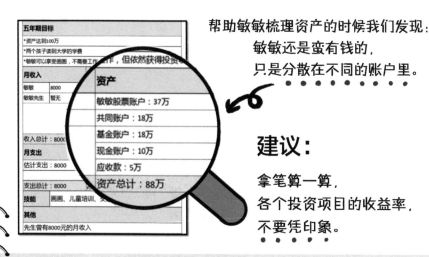

五年期目标	
• 资产达到100万	
• 两个孩子读到大学的学费	
• 敏敏可以享受画画,不需要工作了,但依然获得投资...	

月收入		资产	
敏敏	8000	敏敏股票账户:37万	
敏敏先生	暂无	共同账户:18万	
		基金账户:18万	
收入总计:8000		现金账户:10万	
月支出		应收款:5万	
估计支出:8000		资产总计:88万	
支出总计:8000			
技能	画画、儿童培训、交...		
其他			
先生曾有8000元的月收入			

帮助敏敏梳理资产的时候我们发现:
敏敏还是蛮有钱的,
只是分散在不同的账户里。

建议:

拿笔算一算,
各个投资项目的收益率,
不要凭印象。

在管理好风险的基础上,
把钱从低收益的项目,转去较高收益的项目,
集中力量出击!

你的钱也不少呀!
这个账户有十几万元，那个账户有十几万元，
加起来也有88万元呢。
这几个账户，你是怎么安排的呢?

都是我老公在管理。

你老公的投资能力如何呀?

他还蛮有抓住涨停板能力的。

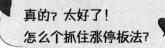

真的? 太好了!
怎么个抓住涨停板法?

2015年，大市好的时候，赚了两三万元。
后来大市跌了，才亏5万元。

$ % &

情人眼里出西施!

Q6 :

你想要什么?

刚需

我想再过几年,就回老家。
可是,老家还没有房子。

> 汇总效益不好的资金
> 集中力量投资

与其等待下一个牛市,
不如把这些钱进行汇总,
在老家市中心买个房子出租。

四五线城市人口净流出,
买房的关键就是**优选地段**。

一定要找**自己熟悉的市中心、**
能够出租的房子。

因为熟悉,才了解需求。
市中心、能出租,抗跌性就强。

从月光到接近财务自由：

出租教室：+3000元
寄售画作：+1600元
+ 房租收入：+3000元
_____
被动收入合计：7600 元

调整前

五年期目标	
•资产达到100万	
•两个孩子读到大学的学费	
•敏敏可以享受画画，不需要工作，但依然获得投资收入，维持生活	
月收入	**资产**
敏敏　8000	敏敏股票账户：37万
敏敏先生　暂无	共同账户：18万
	基金账户：18万
	现金账户：10万
	应收款：5万
收入总计：8000	**资产总计：88万**
月支出	**负债**
估计支出：8000	欠亲戚：4万
	负债总计：4万
支出总计：8000	**净资产总计：84万**
技能	画画、儿童培训、交通理赔
其他	
先生曾有8000元的月收入	

调整后

五年期目标	
•资产达到100万	
•两个孩子读到大学的学费	
•敏敏可以享受画画，不需要工作，但依然获得投资收入，维持生活	
月收入	**资产**
培训班收入　8000	
租出闲置教室　3000	在湖北老家市中心购买两套60平米小户型，并租出，预计没有有10%的房价涨幅
卖出闲置画作　600	
卖出日常习作　1000	
房租收入　3000	应收款　5万
收入总计：15,600	**资产总计：88万**
月支出	**负债**
估计支出：8000	欠亲戚：4万
	负债总计：4万
支出总计：8000	**净资产总计：84万**
技能	画画、儿童培训、交通理赔
其他	
先生曾有8000元的月收入	

总结：
1. 挖掘沉睡资产
2. 盘活不良资产

我们都不是财务专家，
都不会投资，
也都不算很有钱。
我们就是住在你隔壁的普通邻居。

我们通过 **重新认识资产**：

分清什么是好资产，
什么是不良资产，
打散了，重新组合。

挖掘沉睡资产，
盘活不良资产。

就几乎达到了财务自由，
而且也没有太影响我们的生活质量。

我们能做到，你也可以！

理财不等式之五

6

给自己种一棵

摇钱树吧

我知道啦！
数学不好，
不是金融财务专家，也可以理财！
早投资早获益，我要分秒必争！
投资、投资、再投资，
尽快增加被动收入！
我要去买买买，买股票、买基金。

哎……等等，
别总这么心急，
咦？人呢？
跑哪里去了？

哎……
辛辛苦苦一整年，
学习投资方法、研究财报、跟踪市场，
年收益率都算不错了，也有10%。
累死累活，才赚了一万多元。
这投入产出比实在太差了。

那是因为你的本金还比较少。

153

很多人工作没多久,
就迫切想增加被动收入。
有一点本金就贸然开始投资,
买基金、买股票。
然而,被动收入增长的幅度,
　　　依赖于本金的大小、
　　　投资收益率和时间的积累。

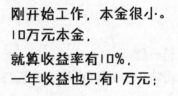

刚开始工作,本金很小。
10万元本金,
就算收益率有10%,
一年收益也只有1万元;

而100万元本金,
收益率就算只有1%,
收益就有1万元。

因此,尽管被动收入越早投资越好,
但不应该是财富积累初期的重点。

财富积累的早期,
应该尽自己最大的努力去增加本金。

也就是财富的第二驾马车。

财富的两驾马车

第一驾马车:
购买好资产
带来稳定的被动收入

第二驾马车:
培植自己的"摇钱树"

第一驾马车：
购买好资产
带来稳定的被动收入

平时用心研究投资产品，
发现可以创造收入和实现增值的投资机会。

很多人总要等到积累了一大笔本金，
或发现一个符合自己目标的特定投资对象时，
才开始研究投资，
或没怎么研究，就贸然把本金投了进去。

创造财富的关键之一是

尽早动手，勤加打理。
从小额投资做起，练习投资技能，
积累投资经验，
日积月累，持之以恒，
一步步积累财富。

当投资技巧更娴熟之后，
定期比较各项投资的收益率，
重组资产，以获得更高的收益。

第二驾马车：
培植自己的"摇钱树"

投资资产会产生稳定的现金流，
但通常比较慢，
需要长期的积累。
要想实现快速的财富增值，
必须找到自己的"摇钱树"。

在寻找"摇钱树"的过程中，
必须**基于自己的核心技能**，
不要随便踏入全新的领域。

我喜欢画画，但以后不想再用画画谋生。
希望过两年把工作室卖了，
开个咖啡厅，或者靠投资生活，
过有钱、有闲、有品质、舒适的人生。

很多人本可以在自己熟悉的领域获取财富，
却往往因一时向往，投入了一个全新的生意。

很多女孩梦想开一家咖啡馆、花店或甜品店，
因而放弃了自己的所长，
在没有任何管理和经营生意的经验时，
就投资了进去。

好的结果是：
走很长时间的弯路后，
终于能盈利。
大多数却是很快就倒闭或转让了。

敏敏擅长的是画画和培训，
画画工作室已经能提供稳定的收入，
却想着通过完全没经验的
咖啡厅或投资来赚取收入。
实在是失策。

Q7：

你有哪些可以
立刻变现的技能？

在开始想要的生活之前，
我们必须先学会赚钱。
而要赚钱，
一定要立足于自身的长处。

先找到可以在一个月内变现的技能，
在这项技能的基础上，
慢慢学习如何做生意、如何管理。
之后再将这个技能应用到其他领域。

这项技能就可能成为你"摇钱树"的"树苗"。

以玲：

研究生毕业十年，
在国内中部城市工作和生活。
有一个幸福的家庭，老公体贴，儿子听话。
以玲在互联网公司工作，负责需求开发和运营维护。
老公在一家医疗器械公司负责研发工作，
持有公司5%的股份。

以玲家的资产负债表   日期：2018.3.5

资　产			负　债		
	种类	现值	种类	余额	利率
流动资产	现金		商业房贷	800,000	6.60%
	活期存款	70,000	公积金房贷	200,000	4.50%
金融资产	股票				
	基金				
	债券				
	保单现金价值				
固定资产	投资	房产（投资）	1,800,000		
	自用	房产（自用）	1,500,000		
		汽车（自用）	70,000		
资产总计		3,440,000	负债总计	1,000,000	
净资产总计（资产−负债）		2,440,000			

两人一年工资收入有36万元，
有一套房出租，
稳定年收入总计约40万元。
在中部城市算是蛮高的收入了。

谈到支出，
以玲立刻拿出一张详细的列表，
分类明确，想来平日里都有记账。

我们的收支比较稳定。
一年能存10万～15万元。
早年，在楼价还不高的时候
买了两套房，一套自住，一套出租，
租金与新增的房贷持平。

以玲家的年度收支表　　年份：2017

每 年 收 入				每 年 支 出		
种类		金额（元）	占比（%）	种类	金额（元）	占比（%）
主动收入	工资收入	324,000	82.99%	房贷	96,000	37.94%
	工资奖金	40,000	10.25%	日常生活费	60,000	23.72%
				养车费用	23,000	9.09%
				子女教育费	48,000	18.97%
				旅游费	10,000	3.95%
被动收入	房租	26,400	6.76%	给父母家用	10,000	3.95%
	理财分红			人情开支	6,000	2.37%
稳定年收入总计		390,400		稳定年支出总计	253,000	100.00%
稳定年盈余总计（稳定年收入-稳定年支出）		137,400				
投资收入	股票损益		0.00%			
	基金损益		0.00%			
其他收入	中奖					
	红包					
所有年收入总计		390,400		所有年支出总计		253,000
年盈余总计（年收入-年支出）：		137,400				

家庭财务报表分析 三大指标

① ## 备用金够不够?

$$资产流动性比率 = \frac{流动资产}{月支出}$$

参考值是3

- 低于3,就需要控制支出或增加备用金。
- 远高于3,意味着放在低收益、高流动性产品上的资金过多,可以释放一部分去投资较长期、较高收益的产品

② ## 负债多不多?

$$负债收入比 = \frac{月负债支出}{月收入}$$

参考值是40%

- 低于40%,说明家庭目前能应付债务。
- 低于20%,可适当增加低利率贷款。
- 高于40%,则意味着负债过高,已超过家庭的承受能力。

③ ## 投资足不足?

$$投资合理比 = \frac{投资资产}{净资产}$$

参考值是50%

- 远低于50%,要思考盘活一部分资金用于投资。
- 远高于50%,应适当减少投资,降低风险。

1 备用金够不够?

$$资产流动性比率 = \frac{流动资产}{月支出}$$

$7/(25.3/12) \approx 3.32$

说明有足够的紧急备用金。

2 负债多不多?

$$负债收入比 = \frac{月负债支出}{月收入}$$

$9.6/39 \approx 24.62\%$

以玲夫妇三十多岁，正是事业的黄金期，
收入高，抗风险能力强，有足够的偿债能力，
负债比例可适当上浮，设定在40%~50%，
考虑增加良性负债，加大投资力度。

3 投资足不足?

$$投资合理比 = \frac{投资资产}{净资产}$$

$180/244 \approx 73.7\%$

这个比例评估的是家庭通过投资，
让资产保值增值的能力。
参考值50%，说明保值能力不错，比较稳健。

以玲一家的资产主要受惠于
近年来房地产的飞速增长。
两套房低价买入，
短短几年，资产实现了快速增值。
但需要意识到 只是账面浮盈，

一日不套现，一日利润就没有实现。

我们说，理财非常重视现金流。
我们从现金流的角度来看，
增加的第二套房，
尽管每月带来了2200元的租金，
但刚好与新增的贷款持平，
并没有带来每月现金流的增加。

投资渠道也比较单一，
仅有房产和7万元的活期存款。

尽管一年能存下十几万元，
非工资收入的现金流却一样糟糕。
全靠工资收入，手停口停，
假如出现任何预计不到的
收入减少或支出增加的情况，
状况就将变差。

人无远虑，必有近忧。

在外人看来，我已是人生赢家。
但自己内心却总有莫名无助。
每天看上去充实忙碌，
在公司和家之间来回奔波。
因为工作，忽视了孩子的成长；
又因为对孩子的愧疚，
把所剩无几的时间全给了孩子，
从而失去了自己。

在充实的间隙中，
在偶尔的恍惚间，
我会困惑，
这一日日的奔忙究竟是为了什么？
人生苦短，譬如朝露，

这真的是自己想要的生活吗？

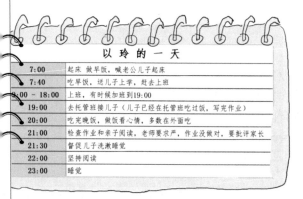

项目经理
以玲

以玲的一天

7:00	起床 做早饭，喊老公儿子起床
7:40	吃早饭，送儿子上学，赶去上班
9:00 - 18:00	上班，有时候加班到19:00
19:00	去托管班接儿子（儿子已经在托管班吃过饭，写完作业）
20:00	吃完晚饭，做饭看心情，多数在外面吃
21:00	检查作业和亲子阅读，老师要求严，作业没做对，要批评家长
21:30	督促儿子洗漱睡觉
22:00	坚持阅读
23:00	睡觉

我每一天都是这么过的，
一日复一日……
每天的自由时间很少，
锻炼时间也很少。
我担心就这么过一辈子，
直到退休，
走不动路了，
才能停下来。

在中部地区，
每月一万多元已属较高收入水平。
收入想要有突破性增长
需要靠机缘和大几倍的付出。

企业给如此高的薪水，
期望员工承担的责任和工作也重。
职场新人每年蜂拥而至、虎视眈眈。
这大概是大多数人，人到中年都会遇到的**职场危机**。

我不想做工蚁和拉磨的驴，
一直工作，天天赚钱，没有了人生，
我希望有自由时间，我希望多陪陪家人，
我想要诗和远方。
可是，**好难**！

保持现状，
相当于把决定权完全交给命运，
期待一切顺风顺水、风和日丽。
这太被动了！

要想改善现状，
未来能保持如今的生活质量，
还能拥有足够自由的时间，
就一定要改变如今的收入结构，

增加非工资收入的比重。

诗和远方的前提是
解决柴米油盐的问题。

针对以玲的情况，
我给出了慢、中、快三策。

 建立**储蓄转资产**
　　　　资产再转储蓄
　　　　　　　的良性循环

1. 设立**财富账户**

把每月定下的储蓄金额定期存入此账户。
投资产生的利润，也要全部存入，享受复利的滚动。
财富账户的闲置金额也要记得理财，买流动性强的产品。

2. 设定比目前状况稍高的储蓄目标

3. 执行**财富账户优先支付**原则

在还贷、支付账单或其他款项之前，
就把资金存入财富账户。
即使在手头紧时，也要首先往其中存钱，
余下的钱再进行分配。

4. 平日不断调查和研究投资产品

5. 将赚得的被动收入**再存入**财富账户

遇到以玲家的状况，
大多数人的应对之策是积累实力，跳槽，
找到薪水更高的工作。

没错，我就是这么想的。
可是，这条路只会让我越来越忙，
直到退休，再也干不动了，才能歇一歇。

生活的目标，不仅要有钱，
还要重视自身的健康，
要有时间和亲朋好友们一起做美好的事，
要有更多的机会关注内心和探索世界。

是呀！可是，要怎么办呢？
光靠存钱，实在太慢啦！

我们要想办法，在努力一段时间后，
搭建出一个能自我运转的盈利模式，
让钱和他人为我们赚钱。

依靠核心技能
创建"摇钱树"

以玲夫妇都是技术型人才，
技能在市场上有较高的价值。

摇钱树苗

可以利用现有的技术优势，
在近两年的工作之余，
搭建出一个两三年后，
能赚到如今的收入，
从而能辞职，全职投入的平台。

力争在五年后，
通过外包非核心工作，
自己全力营销和运营管理的方式，
把平台做大，
让这棵树苗茁壮成长，
让它为你工作，
从而有更多自己的时间。

我每天都很**忙**了，
哪有时间再培植"摇钱树"？

刷朋友圈、微博
照顾家人起居
长时间工作
和同事聊天
路上通勤

时间都去哪儿了？
还没好好感受年轻，
就老了……

看书
运动
刷电视剧

我们很少停下来思考：
如此忙碌是否有价值？

试一试列出**最重要的五件事**

每天工作前，列出当天的工作清单，
不断提醒自己，要在任务上做取舍。
不重要的不做。

要想改变现状，
就要做出取舍，
跨出舒适区，
加大投入，舍弃安逸。

如果一切照旧，
现在的困境也会照旧。

现在你不过30多岁，
如果不努力改变，
到了50岁时，
你会不会后悔？

到了50岁，
如果你觉得已经到头，
无须改变，
那么，70岁时，你会不会后悔？

70岁之后，还有90岁，
那时的自己能心怀坦荡地走向人生终点吗？

172

我知道！我知道！
现在都流行"斜杠"。

培植"摇钱树"是**战略性副业**，不是"斜杠"。

"斜杠"是在多种行业间平行切换，
通过不同类型的工作获取不同的报酬。

是在主业外，另开一坛。
主业和"斜杠"的其他职业之间的相关性不大。

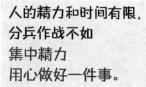

人的精力和时间有限，
分兵作战不如
集中精力
用心做好一件事。

我身兼八职！
"斜杠"代表

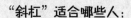

"斜杠"适合哪些人：

在原本的领域，
积累了足够的经验，
能轻松应对当下工作，
有闲暇去"斜杠"。

或本职工作遇到瓶颈，
需熬资历或碰运气时，
"斜杠"也许能打开新的世界，
带来新的机遇。

战略性副业

≠

"斜杠"

EMMA

理财不等式之六

靠战略性副业，培植自己的"摇钱树"。

战略性副业是
以主业为基础发展的副业，
副业的发展
有助于主业的进一步精进，
主副业有协同效应和互补效应。

比如：
一个技能在不同场景的应用
　　如技术人才，扩展技术的使用外延。
多个技能在同一市场的应用
　　如销售人才，在已有的客户群中卖关联性产品。
多个技能在多个市场的应用
　　如综合性人才，通过调动资源获利。

175

快 利用杠杆，
　　资产套现再投资

你早年投资的房产，如今升值了很多。
可一日没套现，一日就只是账面浮盈，
无法带来实际收益。

如有较稳定可靠的投资项目，
又有足够的利息差，
可以适当贷款套现，进行投资。

慢策最稳、最舒适。
中策最有潜力，但需要突破自己。
快策来钱快、轻松，风险也大，需要投资经验。

我们选择慢策，简单一些。
中策，可以接一些私活，
赚点外快，拓展人脉。
快策不考虑，
我承担风险的能力差，怕是要失眠。

适合自己的才是最好的。
没有放之四海而皆准的财务计划。

贷款，
　　是天使
　　还是恶魔

我可以借给你很多很多钱！

债务

实际上是
提前支取你未来的钱，
像坐了时光机，
用支付利息的代价，
帮助你解决现在的财务问题。

利用好了，
它是你撬动财富的杠杆。

负债的好处

 ## 帮你跨越门槛

很多投资项目都有门槛，资金体量要求较大，
比如房子或私募基金项目，
负债能帮你跨越门槛，节省了原始积累的时间。

 ## 是你的合作伙伴

当投资回报高于利息时，
债务就是你的合作伙伴，
一起赚钱，之后进行收益分成。

 ## 是江湖救急的好兄弟

在你现金流出现短暂断流时，拉你一把。
做生意常常会遇到周转不灵的困镜，
贷款能帮你解一时之难。

 ## 让你提前享受到更优质的生活

你能提前买车，买数码设备……

 ## 能抵消一部分通货膨胀

但是，债务像水，
能载舟也能覆舟。

利用不好，
不但会影响生活水平，
甚至有可能越欠越多，
最后，倾家荡产的故事，也不算少数。

不论你贷款是为了买房、买车，还是其他，
都是把你未来的钱提前用掉了。
这些商业贷款，不管要不要支付利息，
都使人**不知不觉过上了**
自己原本负担不起的生活。

听说大富翁都借钱，
你一会儿说贷款的好处，
一会儿又说贷款危险，
那么，到底要不要借钱？

就像资产要分清 **好资产** 和 **不良资产**，

决定借不借钱之前，要分清：

好负债 和 不良负债

借了钱能带来正向收入的就是好负债，

不能带来额外收入的，就是不良负债。

一般来说，用来消费的贷款，都不是好负债。

如免息期过后的信用卡贷款、车贷、买商品的分期贷款等，
就算能抵消通账也有限，反而容易让你犯上 消费力错觉的毛病，
让你不知不觉过上了你原本负担不起的生活，
透支了未来的收入，不断支付利息，没有余力储蓄。

我刚收到一笔100万元的回款，
之前给儿子买房，贷了款，
利息很高，有8厘呢。
我要不要还贷款？
这负债算不算好负债啊？

这要算一下你还贷款的**机会成本**。

100万的可选用途：

A 还贷：8厘

B 买理财产品：3.5厘

C 买基金：6厘

D 买房：收租2厘，房价涨7厘

E 投资朋友已运营成熟的餐馆：15厘

以上收益率仅为举例，并非真实收益率。

机会成本：

在面临多个选择时，
在被放弃的选择中，
价值最高的那个选择所带来的收益。

咦？这样把选择项列一列，答案就自己露出来啦！

对一般人来说，
8厘的贷款利息已经非常高了，
显然是不良负债。

但是，对你来说，
如果还贷款，就放弃了其他选择，
其中，投资餐馆的收益是15厘，
这15厘，就是你还贷的机会成本。

好负债：

贷款成本＜机会成本

每个人的投资能力不同，
同等利息的贷款，
在一个人手里，是不良负债，
在另一个人手里，却可能是好负债。
需要**具体问题具体分析**。

用**好贷款**来杠杆投资，
还需要满足以下三大要点：

1 **存在稳定的、有一定空间的利差**

如果贷款4厘息，能收回8厘息回报，
中间的4厘利差就是使用杠杆的理由。
如果利差太小，或利差波动太大，
就不适合使用杠杆。

2 **投资的产品价值稳定**

如果借钱去买股票，股票价格上上下下，
杠杆投资的风险就较大，不建议使用杠杆。
但如果去投资风险较低，价格较稳定的债券，
就比较合适。

3 **家庭总的负债收入比不高**

家中可能有多项贷款：
房贷、车贷、消费贷等，
所有这些贷款加起来，
计算负债收入比
（月负债支出/月收入）不高于40%。

贷款

≠

洪水猛兽

EMMA

理财不等式之七

要是我没有稳定赢利的餐厅可投资，
也找不到其他符合三大条件的投资项目，
又可以怎么办呢？

那就还贷呗！

不是说"现金为王"吗？
等有了好的投资机会，
手里的钱都还贷了，
又会错过这个机会。

还记得我们在**复利**的环节中讨论过，
在寻找和等待高收益项目的过程中，
会错失很多 时间值，
高收益的项目，背后的风险也高。

对于投资小·白来说，
与其冒风险去追逐高收益，
通过低买高卖赚差价，
不如珍惜时间值，靠复利的滚动来赚钱。
省下的贷款利息，也是实实在在的收益。

现金为王

CASH
is
KING

CASHFLOW is KING

现金流为王

现金为王

CASH is KING

原话:
危机来临, 现金为王。

意思是:
在经济大幅动荡的时候,
资产价值会大幅缩水。
所以, 要尽快卖出资产,
持有货币, 等市场稳定后,
现金就能买到更多的资产。

很有道理啊!

人家现金为王的现金,
是卖掉资产后套现的现金, 是实实在在自己的钱。
等待机会的时候,
不但不用付利息, 还能收着利息呢。

对啊! 我这边还欠着人家的钱,
可是**每分钟都在付利息的**。

好机会来了, 如果你投资能力不足,
能发现它就是好机会吗?
就算你发现了, 有能力抓住它吗?

^&%

在投资小白阶段，

与其为一个不知道什么时候到来，

也不知道是机会、还是坑的可能性，

天天支付利息，

还不如踏踏实实地先减少债务。

同时，尽快补上投资知识，

以便在之后有能力使用杠杆。

不是说
"债务还能抵消通胀" 吗?

每个决策都依托于适合的背景，
也同样依托于执行人的能力。

还是要计算机会成本，

以及是否符合使用杠杆的三大条件，

才来决定要不要用债务来抵通账。

别以为只要投资就能赚钱，

世界上没有稳赚不赔的投资，

但贷款的月供却是实实在在每个月要支付的。

理财的大目标：

搭建被动收入体系，

达到财务自由！

做任何理财相关的决策之前，
都要先想一想我们理财的大目标是什么。
你的这个决策能不能让你离目标更近一步?

无论这个决策是
投资一个产品、购买一个贵重物品，
还是房子是否出租，
或者钱还不还贷款……

是喊着"现金为王"，
一边支付利息，一边等待着一个可能性?

还是还了贷款，改善每月的现金流状况，
遵守"现金流为王"，更让你靠近财务自由的大目标?

答案会随着你现在所处的位置、
市场当下的情况，以及你投资能力的不同而不同。

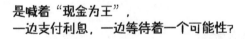

只有适合自己的，才是最好的!

个案

子安
创业失败　债务缠身

银行

前尘往事

七年前，创办了一家电子科技公司。
头三年，生意很好，公司迅速扩张，
高峰期聘用了一百多位员工，
外包好几条生产线日夜赶工。

赚的钱都压在扩大再生产上，
资金周转不过来的时候，
银行的短期借贷常常能帮到他。

企业生意好，银行也愿意借给他。
一来二去，
要钱找银行和有事找警察一样，
深入内心。

不知不觉，企业越来越大，
负债也越背越多。
后来，公司要买一套新设备，
银行认为公司负债比率过高，
要公司法人个人担保。

子安对公司前景充满信心，
毫不犹豫就签了。

顺境时，不重视风险管理，
没有做好资产隔离，
没有为自己和家人准备后路。

过于乐观，轻视周期，
忘却债务能载舟，也能覆舟。
为之后的困局，埋下引线。

为熬过难关，
子安抵押了房和车，
又在信贷中介处借了高息贷款。

经营业绩不好，
银行闻风上门追还款，
供应商催货款……
不得已又向亲朋好友借了不少钱。

信贷中介

亲朋好友

各种类型的负债，

还款期不一，

利率高低各不同，

如一团乱麻缠在一起。

五步债务消除计划

消除债务
从厘清乱麻开始

① 用Excel表列出全部债务

债务名称	所欠总额	每月最低还款额	利息	权重
信用卡贷款a				
循环贷款b				
车贷c				
民间借贷d				
信用卡贷款e				

② 计算各项债务的权重

比如，你欠了6000元的信用卡债务，
每月最低还款额是200元，
那么，权重就是6000/200=30。

195

③ 按权重高低排序

把权重最低的放在首位，按升序列出各项债务，最后为权重最高的债务。

列出的次序，就是之后优先偿还的次序。

偿还先后	任务名称	权重	所欠总额	每月最低还款额	利息
1		10			
2		22			
3		34			
4		50			
5		60			

④ 起跳分配

通常债务缠身的人，
每月只能还各项债务的最低还款额，
以致在利滚利之下，债务越滚越大。
排序结束后，债务人在每月依旧偿还
各项债务的最低还款额的基础上，
从当前花销中节省出200元，
或其他可能实现的金额（"起跳金额"）。
将起跳金额分配给债务列表中的第一项。

⑤ 债务支付

在每月偿还债务时，
除了偿还每个债务的最低还款额，
对列表首位的债务，
除原先的最低还款额，
还要加入节省出来的起跳金额。

列表首位的
债务还款额
=
列表首位的
债务的
最低还款额
+
起跳金额

还清第一笔债务后，
把原本还第一笔债务的
最低还款额和起跳金额，
全部作为排列表第二的债务的还款金额。

列表第二债务
的每月还款额
=
原本列表第二
的债务
的最低还款额
+
已还完的
列表首位的债务
的最低还款额
+
起跳金额

- 起跳金额必须是具体的数目；
- 每还完一项债务，之前用来还债的金额必须继续用来还债，<u>不可以挪用</u>；
- 必须持之以恒。

以前，我总是哪个债主上门，
我就挤一点给他。
东还一点，西还一点，
从来没想过
把贷款按利息的高低排一排，
<u>先重点还最高利息的</u>。

也没想过<u>每个月每个债务都还上一点</u>，
那些债主每个月都能收到一些，
就不会逼得这么急了。

古希腊学者
阿基米德

给我一个支点，
我就能撬起整个地球。

负债投资，是一面放大镜，
放大回报的同时，也放大了风险。

当负债投资获得了几次成功之后，
这种收益的放大效应和人类的侥幸心理，
会诱使人们变得异常贪婪。
要慎之又慎，尤其在宏观经济不太好的时候。

199

8

什么比买产品
更重要

我知道，我知道啦！
建立被动收入体系，
让人生更自由是理财大目标。

我们通过对资产的优化配置，
利用核心技能创建摇钱树，
适度使用负债杠杆，
就能让财富马车快速跑起来。

现在，我总可以去买买买了吧？
买房、买基金、买股票……

$ * & @

哎……等等，
别总这么心急，
咦？人呢？
又跑哪里去了？

楼价高得吓人！

买P2P，被跑路了！

买股票，被割了"韭菜"！

买理财产品，收益率这么低！

要买什么好呢？

感觉什么都有风险！

财富的奥秘在于
正现金流+复利

这我知道，所以我急呀！

要快！不能浪费一点点时间值！

你如今只知道威力巨大的**正复利**，

不知道还有威力同样巨大的**负复利**！

负复利？

假设你本金100元，
今年碰巧买了一支好股票，
收益翻倍，即收益率100%，
第二年便有200元。

第二年，运气也好，又有100%收益率，
此时，你便有400元。

如此，一路好运，每年翻番，
到第五年，你已累积到3200元。

我明白，你都讲过了。
这就是复利的指数效应，
越往后翻得越快。

到了第六年，市场突然转向，
你亏了50%，剩下1600元。

一下少了一半。心疼！

这时候，市场比较波动，再没有之前的好时光。
第七年，你只赚回了50%，现在是多少？

3200元？

1600元，增长50%，只有2400元。

需要4年时间，年年增长100%，
才能从100元变成1600元。
但只要第六年亏损50%，
就亏掉了1600元。
前四年积累的财富，全部贴了进去。

不仅如此，
你第六年亏50%，第七年赚50%，
却赚不回之前损失的金额了。

年份	情况一			情况二			情况三		
	本金	收益率	金额	本金	收益率	金额	本金	收益率	金额
1	100	100%	200	100	100%	200	100	100%	200
2	200	100%	400	200	100%	400	200	100%	400
3	400	100%	800	400	100%	800	400	−50%	200
4	800	100%	1,600	800	100%	1,600	200	100%	400
5	1,600	100%	3,200	1,600	100%	3,200	400	100%	800
6	3,200	100%	6,400	3,200	−50%	1,600	800	−50%	400
7	6,400	100%	12,800	1,600	100%	3,200	400	100%	800
8	12,800	100%	25,600	3,200	100%	6,400	800	100%	1,600
9	25,600	100%	51,200	6,400	100%	12,800	1,600	−50%	800
10	51,200	100%	102,400	12,800	100%	25,600	800	100%	1,600
11	102,400	100%	204,800	25,600	100%	51,200	1,600	100%	3,200
12	204,800	100%	409,600	51,200	−50%	25,600	3,200	−50%	1,600
13	409,600	100%	819,200	25,600	100%	51,200	1,600	100%	3,200
14	819,200	100%	1,638,400	51,200	100%	102,400	3,200	100%	6,400
15	1.638,400	100%	3,276,800	102,400	100%	204,800	6,400	−50%	3,200

举个例子

情况一：每年都是翻番的正收益，
15年后，100元能变成300多万元。

情况二：只有中间两年各亏损50%，
其他一样，100元却只能变成20多万元。

情况三：2/3的时间是100%正收益，
1/3的时间亏损50%，100元只涨到3200元。

我以为，
只有通货膨胀是我们赚钱的拦路石！
没想到，还有一个负复利！

赚得再多，复利滚动的时间再长，
跌几个跟斗，又回到了原型。

比投资产品更重要的
是风险管理！
只有收益率比较稳定，
复利才能起到大的作用。

看来靠复利投资又慢、
又麻烦，也一点都不简单，
还不如去低买高卖赚差价呢！

单纯的低买高卖，
通常要靠**波段操作**和**频繁交易**。

想的是抓住一切能赚钱的机会，
希望每一单，甚至每一刻，都能赚钱。
忍受不了较长时间的平静。

但是，愿望是美好的，却不切实际，
过于高估了自己，低估了市场的复
杂性。

有意思的是，
每一笔交易都有一个买家和卖家。
双方是一体两面，
彼此都觉得自己的决策正确，对方比自己傻。

那么，到底谁才是正确的？
凭什么，你总是更聪明的那个？

就算你是波段操作的天才，
却因为要时刻关注市场，
抓住短期的波动反复操作，
而被 **牢牢地拴死** 在交易平台前。

那么，赚钱又为了什么呢？
赚钱不是为了让我们更自由，
生活更美好吗？

啊呀呀！我又忘了！
要时刻记得理财的初心！
总是想一想理财的大目标！
自由！自由！我要自由！

靠正现金流+复利来赚钱，
其实是一种 **以退为进** 的策略，

放弃掉复杂不可预测的部分，
牢牢抓住有确定性回报的部分。

降低短期的收益率预期，
通过长期来拉高收益，
从而换得自由的时间。

钱是赚不完的，
但是，<u>有可能一下子全部亏完。</u>

如果一个人刚开始投资，
就运气好，遇到牛市，赢了好几次，
反而可能更危险。

赚得太顺利，以为自己的方法是正确的，
<u>轻视投资的难度和市场的复杂性，</u>
赌注越下越大，结果可能掉进了一个大坑。

管它是对还是错，
赚钱才是硬道理！

悲观者正确，
乐观者赚钱！

你越来越聪明，
我越来越有钱。

你负责正确，
我负责赚钱！

手持火把穿过炸药库，
即使毫发无损，
也改变不了你是蠢货的事实！

投资是一辈子的事，

你只要在这个市场里，没有离场，
就始终处于风险之中。

投资不容易！是人，就会犯错。
没有人能一辈子都好运。

无论是否靠复利赚钱，
我们都要管理好风险。

把错误限定在一定范围内，

确保一旦犯错，不会伤筋动骨，
再也爬不起来。

就像搭一栋楼。
零零散散的投资，
如同一层层叠上去的砖。
刚开始很快就能搭得好高，
却很容易散架。

也许是因为一阵风，
也许是一次小小的触碰，
也许只是自身的重心不稳。

要想楼搭得高、建得稳，
就要提前**管理好风险、做好配置**。

任何想走捷径的人，都无法走得长远。

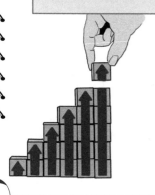

风险，要怎么管理啊？

我们投资理财，
要**未虑胜先虑败**。
先站稳，再考虑赢。
就像搭房子一样，
先搭稳地基，再往高了建。

怎么才能搭得稳？

在知道怎样进行风险管理之前，
我先告诉你一个
投资界的常识：一个三角形。

三角形？

叫作**"投资不可能三角"**。

投资不可能三角

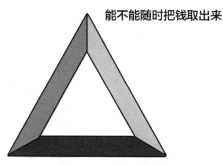

流动性
能不能随时把钱取出来

安全性
这项投资安不安全

收益性
这项投资能带来多高的收益

投资品的流动性、安全性和收益性，
三者不可能同时都好。

想要这个三角形里的某一个或两个角，
就一定要放弃其他的角。

如果这笔钱随时需要动用，
那么，就需要保证它：
——能随时被拿出来（流动性好），
——不容易损失（安全性好）。
因此，只好放弃**收益性**。

流动性
能不能随时把钱取出来

安全性
这项投资安不安全

收益性
这项投资能带来多高的收益

为退休金、儿女教育等准备的长期资金，
非常重要，需要稳（安全性好），
不能存着存着，钱被跑路了。

我们知道，收益越高，背后的风险越高。
为了安全性，我们必须放弃高收益性。
但是，收益又不能太低，至少要跑赢通胀。
因此，有了**安全性**和中等**收益性**，
就必须放弃**流动性**，
有长期投资，不取出来的打算，
依靠长期性，来拉高收益率。

而那些瞄准高收益的资金（高**收益性**），适当拥有**流动性**，就少了**安全性**。

这个我知道！
道理很简单。

没错！
很多人，刚开始的时候，
都明白这些道理。
可是，过一段时间后，
就又开始混乱起来。

混乱？

应急用金就买余额宝、货币基金？
这收益实在太低啦！
人家炒股、买基金，收益高好多倍呢！
还是拿出来投资股票或基金吧！

长期稳定增长的产品，
增长得实在太慢了。
隔壁老王最近买股票，赚了好多啊！
还是拿出来试试别的吧？

投机账户收益这么好，
我就再多投入一点吧，
反正最近也没什么大钱要用，
应急备用金可以少一点。

我们也是这么想的！

很多人都不重视应急备用金。
尤其是在本金不多的时候，总是更加急切。
手里有一点余钱，就想着尽快钱生钱。
买基金、买股票，投资朋友的企业……

但是，人生常有意外发生：

家里突然有人生病了；
孩子学校有一个海外交换学习的机会；
工作不顺利，想要辞职；
突然有个窟窿要填……

等着钱急用，
就不得不在不适当的时机
卖出手里的投资品套现。

于是，很多人就埋怨买基金、买股票风险太大，
以后再也不敢轻易尝试了。

投资一定要用闲钱！

这一点非常重要。

留多少应急备用金，才算足够？

不用太多，
只要留足3~6个月的日常生活费。
即单身人士3个月，
有家庭的，负担重一些，就留6个月。

因为这笔钱随时要拿出来用，
就必须保证流动性和安全性，
不要求有高的收益。

可以买一些短期的理财产品、
货币基金等。

留好应急备用金，
这是开始投资的第一步！

哦！那第二步呢？

第二步：给家里人买保险。

切，保险都是骗人的！

很多人对保险有偏见，
这样的偏见，大多来自
早年保险从业员素质较低，
为收取佣金，胡乱承诺所致。

保险像刀，是一种工具，关键看怎么用！
用得好，对家庭的财务安排非常有帮助。

保险，

是用**现在**的钱，

来转移**未来可能**

遇到的**财务**风险。

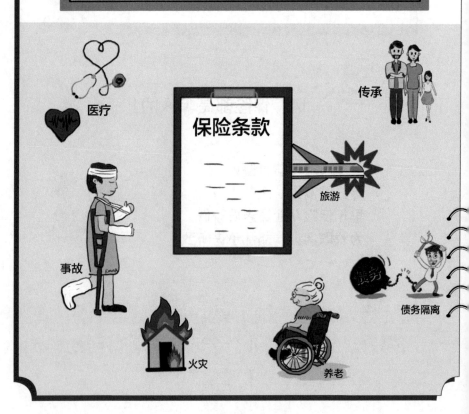

医疗

传承

保险条款

旅游

事故

债务隔离

火灾

养老

我不相信保险！

洪列

你上有老下有小，
是家庭财务的顶梁柱，
也是目前家庭唯一的经济来源。

万一你发生意外，无法工作，甚至身故，
你的父母孩子如何维系生活？
靠你还没有供完的自住房屋？
还是只有几十万元的股票、基金？

我不会这么倒霉吧？

人们总是怀有侥幸心理，
认为坏事不会发生在自己身上。

谁又会料到2020年会突然有一场疫情，
影响了全球成百上千万的家庭？

#@%&

小额
保费

大额
赔偿

发生对应风险时

买保险也是一种杠杆。
你提前支付小额的保费，
万一发生对应的风险，
就能拿到保险公司大额的补偿。

我运气不好，
给工厂买了好多年火险，
但从来没着火。
这么多年的保险费白扔了。

就是！
买疾病险，却没生病；
买车辆险，却没出事故。
亏了！

配置保险，不是为了赚钱，
　　　　而是为了转移财务风险。

买保险的初衷是：万一发生风险，
　　　　能有一大笔钱来帮助我们渡过难关。

赚钱为了什么?

不是为了钱越来越多,
　　而是为了让生活更舒适美好!

不是为了此刻自己一个人
　　　　　的生活更舒适美好,
　　而是为了全家人一辈子
　　　　　　　的生活更舒适美好。

这最基本的就是:
　　整个家庭、在未来
　　　　不会出现大的财务危机。

保险防的就是最大的财务危机!

我们还是觉得亏！

亏什么？
对于健康和平安来说，
钱财又算什么？
没有出事，就当花小钱买平安了。

人家去庙里烧香，还捐香火钱呢。
出事了，庙里会给你赔吗？

是哦！
这么看来，保险还真不错。

身体健康

出入平安

无灾无难

另一些人觉得买保险亏，
是把保险当作一种投资手段。

市面上的储蓄分红类保险，
保单年期很长，流动性差，
提前中止赎回，损失较大。

如果不解约，
又面临通货膨胀和货币贬值的压力。

这类保险，
一般都是在十几年、二十年以后，
以现在约定的固定金额支付。

这么多年以后，
这笔钱的实际购买力已大幅缩水了。

扣除通货膨胀的额度后，
实际的投资回报率也并不比其他投资品更优。

如果我们对投资理财不感兴趣，
也不想花心思研究，
那么，买保险，
也是一种强制储蓄、简单易行的投资渠道。

买保险，要调整心态，
保险不是用来赚钱的，
是花钱买平安，
不平安时，可以换一笔钱。

保险还有隔离债务的功能，
在传承财富给下一代中，
也有信托和遗嘱等方法所没有的优势。

反正，保险是一个工具，
用得好，就能起到很好的作用。

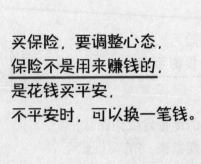

理财就是理财生活

电子工业出版社　　艾玛·沈著

天有不测风云，
人有旦夕祸福。
只有先把最坏的情况都打算好了，
家庭财务的根基才算牢靠，
才有精力再去考虑投资的事情。

终于讲到投资啦！我都急死了。
第三步到底是什么？
要讲买股票、买基金了吧！

第三步，进行长期稳健理财，
为未来的消费提前做好准备。

未来的消费？
长期稳健？
还不能买股票？买基金？

买房

孩子出国留学

养老

医疗

孩子结婚摆酒

这笔钱，是要为未来消费做准备的。

有固定的用途，要稳，即安全性好，

但几年、十几年、几十年后，要依赖这笔钱，

就需要这笔钱保留足够的购买力，

所以又需要一定的收益性，至少要能跑赢通账。

那么，根据不可能三角，就必须放弃流动性。

依靠长期性来拉高收益率。

可以通过购买能带来被动收入的资产，

如出租房产、收息债券、

购买高分红的价值股等，

或靠定投指数基金等方式来实现。

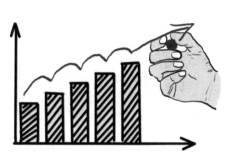

理财，
为的不是**眼前**的美好和自由，
为的是**一辈子**长度内的美好和自由。

第三步是
把草帽曲线转变成鸭舌帽曲线
的关键一步。

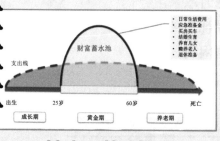

草帽曲线

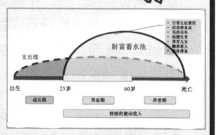

鸭舌帽曲线

是呀！是呀！
理念虽然是知道了，
但一到实施的时候，就总是忘记。

等我们把应急备用金留好了，
万一出事，能拿到财务补偿，
划出一部分放入未来要用的长期增值账户，
剩下的钱，就可以去做一些高风险的项目，来换取高收益了。
这就是**理财的四步走顺序**。

第四步：高风险投资博取高收益。

这笔钱，瞄准的是 **收益性**，
适当拥有 **流动性**，不能随时取来用，
却也不用像长期账户那样锁那么久。
比如3~5年可以不用取出的闲钱，
去投资股票或股票类基金。
因为少了 **安全性**，
这笔钱，就算全军覆没，也不会影响我们的生活。

投资顺序 > 投资产品

理财不等式之八

这顺序,我是听明白了。

为什么要遵守这顺序,我也懂。

但是,除了应急备用金的3~6个月的生活费,其他三个账户到底要放多少钱啊?

根据《标准普尔家庭资产配置法》,这四个账户,分别占总资产的:

10%(要花的钱),

20%(保命的钱),

30%(创富的钱),

40%(养老的钱)。

散乱的投资

科学的配置

人总有贪念,

总想着赚得越多越好,

收益越高越好!

守着这个比例,

才有助于全家的财务状况长期安稳。

正确的投资顺序

❶ 留下足够的应急备用金（要花的钱）

❷ 给家里人买保险（保命的钱）

❸ 为未来储备，长期稳健理财（养老的钱）

❹ 冒风险，博取高收益（创富的钱）

要花的钱　短期消费 3~6个月生活费　　20%　　意外重疾保障 专款专用　**保命的钱**

购买货币基金、银行活期存款　　　　购买定期寿险、意外险、重疾险等

10%

标准普尔家庭 资产配置图

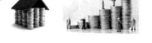

30%

购买债券、收息股、信托等固定收益 类理财产品　　　　　选择风险较高的基金、股票、房地产等

养老的钱　保本升值　　40%　　为家庭创造收益　**创富的钱**

标准普尔家庭资产配置法
给我们提供了一个大的框架。

在具体的实践过程中，
不同的年龄，有不同的风险承受能力，
可以对比例进行调整。

> 年轻的时候，可以多冒一些风险，
> 增加高风险投资的比例。
>
> 随着年岁增长，家庭负担加重，
> 则要适当减少高风险的投资。

 ＜ 具体又要怎么做呢？

100-年龄配置法

这个可以帮到你。

100-年龄 配置法

适合资产不多，需要快速增加资产的人群。

* 3～6个月生活费
* 高流动性产品

零钱账户

投机账户

* （总金额－零钱账户）×
  [（100－年龄）+风险系数]%
* 中高风险中高收益投资

增值账户

* 总金额－其他两个账户的金额
* 中长期价值投资、中低风险

把钱放入三个账户：

零钱账户：应急备用金

投机账户：投资中高风险项目

增值账户：长期稳健理财

算算自己的
风险系数

分数	10分	8分	6分	4分	2分
就业状况	公务员或事业单位人员	上班族	佣金收入	自营事业	失业
家庭负担	未婚	双薪无子女	双薪有子女	单薪无子女	单薪养三代
置业状况	投资不动产	自用房无房贷	房贷小于50%	房贷大于50%	无自用房
投资经验	10年以上	6~10年	2~5年	1年以内	无
投资知识	有专业执照	财经专业毕业	自修有心得	懂一些	一片空白
年龄	总分50分，25岁以下者50分，每多一岁少1分，75岁以上零分				

所得分数	0~19分	20~39分	40~59分	60~79分	80~100分
风险承受等级	很低	低	中等	高	很高
100-年龄配置法调整系数	-20	-10	0	10	20

我们需要这个数。

此表格计算出的风险系数，
综合考虑了一个人的工作状况、家庭负担、投资经验，
和年龄所代表的未来翻盘的可能性，非常全面。

有了风险系数之后,
三个账户应该放多少钱就很清楚了:

零钱账户:
3~6 个月生活费

投机账户:
(闲置资金总金额-零钱账户) × (100-年龄+风险系数) %

增值账户:
扣除其他两个账户后,剩下的钱

可以用来购买对应类别的产品:

风险 收益

升高

期权、期货、外汇、贵金属、艺术品

股票、股票型基金、房地产、P2P、网贷

债券、债券型基金、混合式基金、指数基金、房产信托

货币基金、国债逆回购、短期理财产品、银行存款、保障性保险

- 投机账户
- 收益20%以上
- 投资专业选手
- 高风险

- 增值账户
- 收益5%～20%
- 掌握交易技巧的中长期投资者
- 中低风险

- 零钱账户
- 收益<5%
- 高流动性

年龄这么重要啊？
怎么理财都要按年龄来？

虽然影响风险系数的变量不只有年龄，
但是，不同年龄的理财需求的确不同，
从而会影响到各账户配置的比重！

不同年龄的理财需求

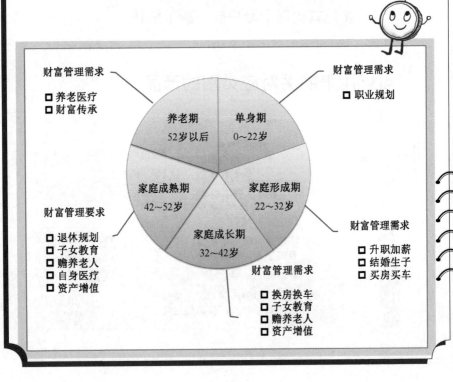

财富管理需求

☐ 养老医疗
☐ 财富传承

财富管理需求

☐ 职业规划

财富管理要求

☐ 退休规划
☐ 子女教育
☐ 赡养老人
☐ 自身医疗
☐ 资产增值

财富管理需求

☐ 升职加薪
☐ 结婚生子
☐ 买房买车

财富管理需求

☐ 换房换车
☐ 子女教育
☐ 赡养老人
☐ 资产增值

养老期
52岁以后

单身期
0~22岁

家庭成熟期
42~52岁

家庭形成期
22~32岁

家庭成长期
32~42岁

天有不测风云，
人有旦夕祸福。

贪婪蒙蔽人的双眼，
短暂的狂欢后，
往往是无底深渊！

只有进行科学配置，
才能让我们的财务安全。

9

什么是"买买买"
的正确姿势

终于等到我最喜欢的章节了！

"买买买"也是我的最爱。

我还是不太敢，
怕做"韭菜"，更怕踩雷……

我们不会因为可能噎着而不吃饭。

风险管理的方法：

教育孩子细嚼慢咽。

我们不会因为楼上可能会掉东西,而不出门。

风险管理的方法：

立法严惩往下扔东西的人。

我们不会因为可能溺水，而不游泳。

风险管理的方法：

学习游泳和急救技能，
在泳池安排救生员。

当我们知道风险来自哪里，
就可以有针对性地进行防范。

投资也是一样。
你们知道
投资的风险来自哪里吗?

买股票,结果股价跌了?

买P2P,结果公司跑路了?

反正,要么就是做"韭菜"被割,
要么就是踩雷,被跑路。

我们可能在理财经理的推荐下，
买了理财产品、混合式基金、信托类产品等，
但是，我们知不知道：

这笔钱最后去了哪里？

是用来建房子？买股票？买债券？
还是用来给银行间拆借了？
各自比例有多少？

只是听说产品很好，回报高。
也没多大风险，就买了。
只等着到期后收钱。

至于钱去了哪里，
嘿嘿，我就不知道了。

我们也不知道……

不同类别的投资品，
风险性质不同，
应对的策略也应不同。

不知道钱去了哪里，
自然也不知道**真实的风险**在哪里，
就不能像其他风险一样，
有针对性地去防范。

不同产品有不同的应对策略

我们先来看看有哪几类产品：

大类资产类别

权益类（股票）

购买公司的所有权，与公司共成长。

固收类（债券）

借钱给他人，定期收息，到期还本。

现金类

现金、银行存储、货币基金等。

另类

原油、黄金等大宗商品；
房产信托；非上市股权投资。

房地产类

买住宅、写字楼、商铺等。

股 票

股票这类投资品，有很多**优势**：

门槛低：手上有几千元钱，就能入场。

> 直接买债券，至少要几十万元才行。
> 普通人只能买债券基金。

> 买房子就更贵啦！
> 根本不是咱们能随便参与的。

流动性好：灵活机动，随时能买入卖出。

> 卖房子很麻烦，三四个月能完成交易，
> 就算是特别顺利的。

> 债券套现也不如股票那么容易。

长期收益高：

> 如果把股票市场看作一个整体，
> 长期来看，股票的收益比其他几类投资品更高。

根据西格尔的《股市长线法宝》统计：

回溯1801至2001年的数据，
200年前的100美元，
持有不同的投资品，最后的结果天差地别！

其中，股票的长期收益最高。

两百年前的100美元		
	现金	购买力变成5美元
	投资黄金	321美元
	投资国库券	28 000美元
	投资债券	150 000美元
	投资股票	100 000 000美元

股票长期收益最高?

怎么我听说的炒股故事都是血淋淋的?

难道他们买的都是假股票?

就是我们!
就是我们的故事……

 +

公司的所有权　　可转让的票据

大部分亏损的股市投资人,
不断在众多股票中
寻找未来短期内有可能上涨的股票。
这是把股票仅仅当作票据。
在一买一卖的过程中, 没有新的钱产生。

你赚了, 接手你股票的人可能就亏了。
相反, 你亏了, 接手你股票的人就可能赚了。
这是零和游戏, 非输即赢。

在票据交易里, 不仅没有新钱产生,
而且各个环节都要赚钱:
股东、交易所、券商、投资银行、政府收税金……

因此, 在票据交易中, 钱会越来越少。
也就有了**七亏两平一赚**的说法。

股票

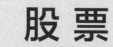

而非"票据"

本质：

购买公司的部分所有权，与公司共成长。

风险：

公司经营不善，股价下跌。

风险类型：

市场波动的风险，
较少出现本金完全损失的情况。

风险管理的方法：

优选经营情况好的公司，
关注公司的长期成长，忽略短期波动。

策略：

立足赢，然后再追求大赢。

策略：

选择高分红的优秀企业，

长期持有，分红无脑买入，

靠正现金流+复利效应赚取长期收益。

案例
1994—2018年投资泸州老窖的推演

股票特色： "过山车"，曾经历7次腰斩。
于1994年上市，开盘价9元，
全年最低5.7元，最高21.2元。

起步情况： 1994年以20元价格买入1万股，
买入后一个月内股份就腰斩，跌至10.5元。

无脑操作： 完全忘记股价波动，
满仓经历所有的腰斩。
你所要做的，只是在每年收到分红时，
用分红直接按当天的股价无脑买入。

模拟结果： 截至2018年6月底，你将持有约21.2万股。
按最后收盘价60.86元计算，
市值高达1292万元，
24年年平均回报高达18.97%

20万元本金，24年，变1292万元。

案例出自唐朝的《价值投资实战手册》

这么神奇？运气吧？
要是买入后一直跌跌跌呢？

极端假设： 从1994年收盘价11.9元开始，
每半年跌5%，
直到2018年6月底跌至1.07元。

极端结果： 同样的策略，你将持有1953.4万股，
以1.07元计，市值为2090万元，
年回报21.38%

如果继续下跌，你会买光全部股份，
将其私有化退市，
从此你将成为实实在在的公司股东。

真的？假的？
美好得不像真的。

当然，这一切有两个前提：

公司是个好公司，盈利不断增长，
公司每年稳定分红。

这个案例提醒我们:

关注点不应该在预测股价的涨跌,
而应该关注这家公司是不是好公司。

就是!
我就是说:不可能这么容易!
我要是会选好公司,我早就发达了!

取巧的方法: 购买指数基金

指数?
就是那上证指数?恒生指数?标普指数?

你可以把它们简单类比成排行榜。
当然,指数要比排行榜复杂一些。
这个比喻只是为了方便我们理解。

就像班里的前三名同学,
成绩一定比全班的平均成绩好。

买所有上市公司里,
经营得最好的前几十或前几百家,
长期来看,就能跑赢
股市上所有上市公司的平均盈利水平。

绝大多数人都**低估**了
挑到一支好股票的**难度**。

- 信息不对称
  个人很难把握企业的真实情况;

- 市场瞬息万变
  前一刻盈利不错,下一刻可能遇到挫折;

- 投资者情绪不定
  大家觉得好的公司,股价都高,买入后很可能就跌价。
  便宜的好公司,之所以便宜,因为大家都不看好,
  不知道要等多久,民意才会反转。时间久了,你拿不拿得住?

- 往往是少数明星公司带动整个市场的盈利
  而这些明星公司大多出现在指数列表里。

作为普通投资者,放弃挑选个股,
选择指数基金,是最明智的选择。

买指数?
就这十年不涨的A股?

我十年磨一~~差~~点!

A股上证指数:
2009年10月16日: 2976点
2019年10月16日: 2977点

见证奇迹的时刻又到了!

举个例子：

隔壁老王定投基金A，
每月投入1500元，
第5个月全部卖出。

该基金波动很大，
但5个月后回到原点。

隔壁老王定投基金A

月份	基金净值（元）	金额（元）	份数
1	30	1500	50
2	60	1500	25
3	30	1500	50
4	15	1500	100
5	30	1500	50
总计		7500	275

投入金额（元）	7500
卖出金额（元）	8250
差价	750
收益率	10%

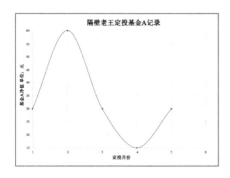

和A股一样，波动很大，
之后，又回到原点。
但是，收益很不错。

怎么回事？
怎么这么简单的操作，就有10%收益？

份数＝金额/净值

每个月买的金额一样，
当净值上升时，买的份数就会减少；
当净值下跌时，买的份数就会增多。
长期下来，就拉低了投资的成本。

投资两大难题

择时　选股

定投	放弃择时， 以平摊成本的方法来降低风险。
定投指数基金	放弃择时的基础上，放弃选股， 以购买"排行榜"的方法， 分散持有多支股票来进一步降低风险。 指数里的公司可能换了一批又一批， "排行榜"却永远在。
定投分红型指数基金	在放弃择时和选股的基础上， 定期收取分红，享受复利的滚动。

这种 定投 方法的关键点：定时+定额

每隔一段固定的时间（每两周/每月）
以同样的金额买入同一支基金/股票。

258

股票收益高，波动却极大。
当资产越来越多时，
最重要是**求稳**，而不是高收益。

本金1万元时，10%收益才1000元；
本金1000万元时，5%收益也有50万元。

为了弥补股票的缺点，
我们需要一个**平稳**的资产作为我们投资组合的**"基石"**。

基石

这个**"基石"**需要满足以下三点：

● 收益率较稳定，且高过通胀
　现金类收益太低，股票类收益波动大

● 是生息资产，能享受复利的滚动
　原油、黄金、农产品等大宗交易品就不适合

● 比较少跟随股市波动

满足这三大条件的只有**债券**。

债 券

本质：

借钱给别人用，别人到期还本，不到期付息。

风险：

借钱的人不遵守合约。

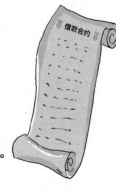

风险类型：

本金的损失（风险发生概率较低）。
公司清盘时，债权人拥有优先追偿权。

管理风险的方法：

买中短期债（评估该公司在期间倒闭的可能性），
优选评级好的公司（三家评级机构：穆迪、标普、惠誉），
分散持有多支债券，选择有第三方担保的债券。

策略：

选择优秀的公司，用低息贷款来拉升收益率。

策略：

定期收息，到期回本，收获稳稳的幸福。

利用低息贷款，拉高收益。

通过分散持有、持续关注评级变动、
买中短期债来降低风险。

案例　某知名国际内衣品牌母公司美元债

约定： 票面价100元，三年后到期，
年利率6%，每半年派息。

现状： 公司近期盈利不佳，股票下跌（评估三年内无破产风险），
债券也受小幅影响，债券价格跌到了80元。

买入收益：（1）按100元计算的6%年息
（2）80元买入，持有到期收回100元，
拿到20元差价。
两项合计年均收益率为6.08%

杠杆投资： 2020年7月，中国香港地区贷款利率为2.2%左右，
港币50万元本金，年收益是6.08%，
借50万元，年收益是6.08%-2.2%=3.88%。
两项合计年收益6.08%+3.88%=9.96%。

还记得吗？

第7章：杠杆投资必须满足三大前提

房地产类

读者来信

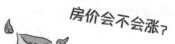

房价会不会涨？

现在还能不能买房？

房价涨了那么多，我的房子要不要卖？

我存了笔钱，想再买套房，这里太贵了，隔壁城市的房子比较便宜，我能不能去买？

我刚毕业没几年，房价那么高，怎么买得起房子啊！

房子，是中国人最关心的话题之一。

每个人心中
都有一座 *Dream House*
梦想家园

三大指标看房地产走势

长期看人口　人口净流入多，<u>（需求端）</u>
说明城市就业机会多，产业发达，经济向好。

中期看土地　政府的批地情况（供应端）
<u>土地供不应求，房价就涨；</u>
供过于求，房价就会下跌。

短期看金融　看资金的流入、流出。<u>（资金端）</u>
货币超发，房价就涨得快；
房贷政策宽松，也能刺激房价；
限制贷款、加息、收紧货币，
则能在一定程度上抑制房价。

看人口、看土地，帮助我们选对**城市**。
看金融，帮助我们把握住**时机**。

此外，
房地产投资还有一个最重要的要诀：

Location !
Location !
Location !

地段！

地段！

还是地段！

最简单的标准：交通方便
　　　　　　　生活便利

但是，看得上的房子都好贵啊！
看着怎么都买不起……

月入11万元
依旧月光的医生

因为你对第一套房的要求太高啦!

第一次买房就要买最好的地段,
要大户型、要知名开发商、要装修豪华……
什么都要一步到位,价格自然很高。

那怎么办?

术业有专攻
房子也是

抓住核心价值
· · · ·
剔除边缘价值
就能大大降低价格

分清楚买房是自住、度假、出租还是快速升值。

根据不同的目的,选择不同优势的房子。

自住:优先选择离工作地和孩子学校不太远的房子,
根据家里人口来选择房子大小。

出租:就要看空置率和投资回报率。

快速升值:选择房地产交投活跃,经济向好,
价格在同一市场偏落后的房子。

真实故事

2004年，
爸爸妈资助了我26万港币，加上我的奖学金存款，   @艾玛本人
凑够了30万首付和交易费，买了我人生第一套房。

那套公寓只有40平方米，
离地铁站要转一趟小巴，
还是顶楼，冬天冷、夏天晒。
20多年的楼龄，有些旧，
好在香港楼宇都保养得不错。

由于这些缺点，
这套公寓只需要港币100万元，
如今，房价已涨到港币600多万元了。

抓住核心价值：要有一间自己的小屋
剔除边缘价值：其他都不重要

如果我一定要在旺区买一套全新的大户型，
那么也许很多年以后一直没有足够的钱购买，
到现在就再也买不起了。

买投资房也要抓住核心价值，即**投资回报率**，
别想着自己有一天可能会去住，什么都要最好的。

房子这么贵，靠这个方法再怎么大幅降低价格，我也还是买不起！

又轮到我出场了！

在那山的那边，海的那边，
有一个好产品，神奇又聪明……

在欧美、中国香港、新加坡和日本等成熟市场，
有一个非常受欢迎的产品，叫作 **REITs**

很多人把钱凑到一起，交给团队来管理，
去投资房地产，赚到钱大家分。

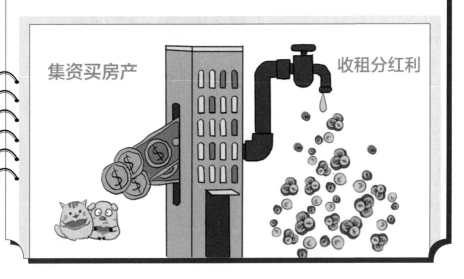

拥有股票特性

起步低
几千元就可以开始

流动性强
可随时在二级市场上买卖

风险分散
持有多个物业，
分散在不同地区、不同类别，
比全部资金投入一套房风险小·很多

REITs
房产信托

拥有房产特性

价格跟随房价涨
持有的物业房价涨，
净值就跟着涨。

分红跟随租金涨
房子收的租金多，
分红也会增加。

REITs 适合哪些人？

- 看好房地产市场，
  却没有足够资金的人。

- 想参与房地产市场，却担心现在入市，
  房价太高，而风险过高的人。

- 对房地产领域不了解，却想参与房地产市场，
  并希望有专业人士打理的人。

- 嫌房地产买卖手续太麻烦，
  买卖时间太长，管理太麻烦的人。

- 喜欢安全稳定的收益，但又想跑赢通胀的人。

2020年4月30日起，
中国也开始试点公募REITs了。

虽然是从基础设施的公募REITs开始的，
但是房产类的公募REITs的推出也将指日可待。

大家也可以通过购买对应的基金，来购买海外REITs。

基金？对啊！还有**基金**。

很多人都买基金。
基金算是大类资产类别里的哪一类啊？
要怎么针对性地进行风险管理啊？

很多人跟我推荐基金，
什么工银沪深300、华夏大盘精选、
嘉实×××、我听这些名字就头晕。

基金本身并不属于哪一类，
要看基金具体投资哪一类产品，
才能归为哪一类。

主要投资债券的，就是债券型基金；
主要投资股票的，就是股票型基金；
用于银行间市场拆借的，也就是货币基金。

基金的投资标的是哪一类，
背后的风险就是哪一类。

从这个角度思考，
就可以挑选出适合自己的**基金**。

投资基金有以下好处：

门槛低

最便宜的货币基金1块钱也能买到。
可以帮助我们进入高门槛的投资领域，
如银行间拆借市场、境外投资品、债券、房地产等。

风险分散

普通人虽然知道鸡蛋不能放在同一个篮子里，
但手里资金有限，投了这个，就没钱投那个了。
基金却可以帮助我们做到分散投资。

虽然每个人投入的金额不多，
但基金经理们把钱聚集起来，
就可以达到上千万元、甚至几亿元。

更专业

基金经理不仅投资水平更高，
获取的信息更全面，
还能对市场做出快速的反应。

Q: 基金那么多，
鱼龙混杂的，怎么挑呢？

我们可以从下面两个角度来思考：

| 投资标的 | ＋ | 投资风格 |

投资标的：投资在什么类型的产品上

股票型（追求高收益）

债券型（追求安全性）

货币型（追求流动性）

还记得我吗？

收入稳定、风险承受能力高时，
增加股票型基金。

收入不稳定，年龄大时，
增加债券型基金。

最近有买房、结婚、出国的需求时，
多配置货币基金。

流动性
能不能随时把钱取出来

安全性
这项投资安不安全

收益性
这项投资能带来多高的收益

投资风格 < 被动投资型
主动投资型

● **被动**型基金就是**指数基金**。

选取一个指数作参考，按该指数构成，
购买该指数的全部或部分证券，
希望获得跟该指数同样的收益。

十年磨一点
的人就是我。

"XX 沪深300"

基金公司名　复制这个指数

指数基金适合追求安全、稳定的人。

不仅是大盘指数，如果看好某个行业，
可以购买行业指数。

● **主动**型基金：基金经理靠**选股**和**择时**，
希望获得比指数更高的收益。

主动型基金适合愿意承担风险的人。

可以挑选那些历史悠久、
规模较大的基金公司旗下最有口碑的基金。

总之，
搞清楚钱去了哪里，非常重要。
针对不同类别的投资品，
采用相应的风险管理策略。

当我们的资产越来越多的时候，
要注意购买波动方向不一致的资产，
把风险抵消掉，
赚取市场经济增长的长期收益。

为什么要买波动方向不一样的资产?

因为波动方向不一样，
其中一种资产的亏损，
就会被其他类资产的上涨所抵消。

尽管收益同时也会被抵消，
但是，因为 负复利 的存在，
收益稳定 比波动大的偶尔高收益更重要。
资产大了之后，更要求稳，而不是求高收益。

资产多了之后，进行的多元配置，
看的不再是单个产品的收益，而是整个盘子的收益率。

以最常见的股债组合为例：

股票，就是队伍里的先锋军，
为我们攻城略地，战斗力最强，却最容易受到伤害。

债券，则是稳定的大后方。
让整个投资组合的波动不至于太大。
否则一个黑天鹅就守不住，就割肉套现了。

股市犹如过山车，时不时来一次千股跌停，
吓得许多投资人纷纷抛售，结果市场很快反弹，
那些割肉的投资人肠子都悔青了。

当持有一个组合时，情况就不同了。
熊市时，防守性更强。
尽管牛市时，走势不如押中某支牛股那么好。
但长期来看，收益也是不俗。

长期收益不俗？
真的，假的？

组合的收益，
可不仅仅是各项投资品收益的简单相加。

资产配置收益的两大秘诀在于：

长期复利的滚动
和
组合再平衡

复利，我知道。
组合再平衡又是什么？

以著名投资者哈利·布朗的 **永久组合配置** 为例

他把资金分成四等份：

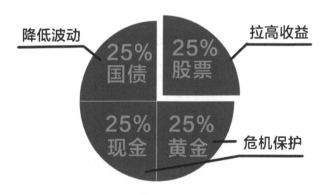

降低波动

25%
国债

25%
股票

拉高收益

25%
现金

25%
黄金

危机保护

当投资了一段时间后，
由于不同产品的涨跌不同，
很快比例就和初始比例不一样了。

比如股票涨了，债券跌了，不再是各占25%。

我们可以每年做一次评估和调整，
让组合重回初始结构。把多的部分卖掉，少的部分补上。
这种操作就叫 **组合再平衡**。

因为供求关系决定价格，价格不会涨上天。
今年涨得好的资产，明年很大机会回调。
今年被低估的资产，明年可能会追落后。

靠着组合再平衡，强制做到了低买高卖，
长期下来，就会获得较好的收益。

组合收益
>
单个产品收益之和

理财不等式之九

投资是一辈子的事，
要用长远的眼光来看问题，
不要局限于眼前一城一池的得失。

总 结

给自己订制
一个理财方案吧!

一步步建立**属于自己**的**财务规划**

❶ 比较两顶草帽，确定 理财大方向

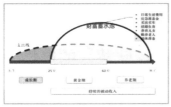

搭建被动收入体系

❷ 问七个问题、填三张表格，重新认识自己的财务状况

家庭资产负债表　　　　家庭年度收支表　　　　状况总结表

3 区分好资产和坏资产、
好负债和坏负债，
寻找沉睡资产，盘活不良资产

4 建立"储蓄转资产、
资产再转储蓄"的良性循环

—— 设立"财富账户"。

—— 订下比目前状况稍高一些的储蓄目标。

—— 执行"财富账户优先支付"的原则。

—— 将财富账户的资金购买好资产。

—— 好资产带来的收入再转入财富账户。

5 找到可立刻变现的技能，
培植摇钱树

6 评估自己的风险承受能力，按正确的投资顺序分配资金

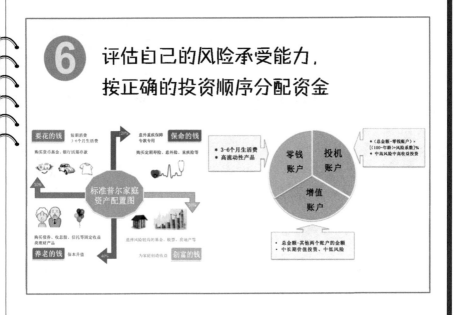

7 对照产品金字塔，找到适合自己的配置

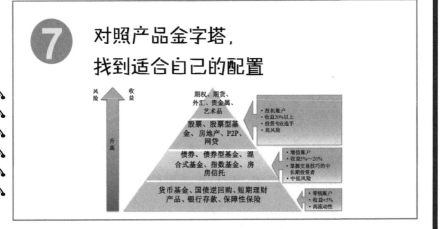

种一棵树，
最好的时机是在十年前，
其次就是现在。

理财，越理越多！
今天，就开始理吧！

祝你通过理财，
找到属于你自己的自由之路！

The end

还没读够？

读一读文字版的
《理财就是理生活》吧！

更系统、更全面、更详细！

2年内加印11次 的畅销书，
帮你搭建系统的理财观念！

• 10个人生阶段
• 10个家庭故事
• 10个理财模块
• 适合老百姓的
理财书

来！
和小胖一起，
跟着我穿越古今中外，
经历重要的金融大事，
在历险中，学习金融的原理。
你一定能赢在起跑线！

财富小妖

适合小学二年级到初中一年级的孩子。
成人也可以用来金融启蒙哦！

读完《理财就是理生活》，
你是一个思考者？还是行动者呢？

我辈中人，干就是了！

书中只告诉了你理念，
你的人生
需要你自己去探索。
只有适合自己的，
才是最好的。